WISSEN FÜR KINDER

DER WELTRAUM

von

Stuart Atkinson
Bridget und Neil Ardley

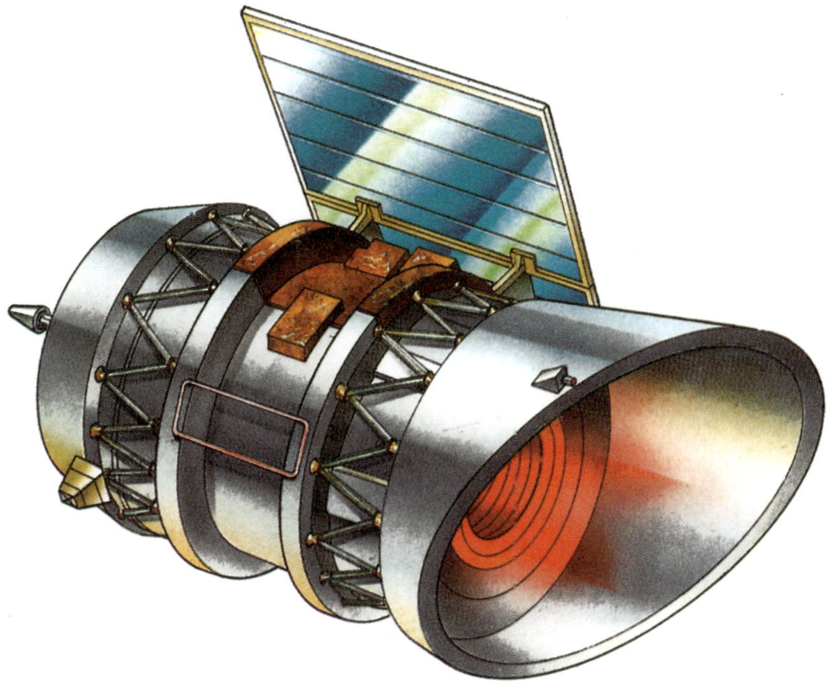

Sonderausgabe für die
Planet Medien AG, Zug
Deutsch von Karl-Heinz Gschrey, Ute Eichler
Gesamtherstellung: Planet Medien AG, Zug

603203/302306

Vorwort

Seit der Zeit, als die ersten Höhlenmenschen erfürchtig zu den Sternen am nächtlichen Himmel emporblickten, sind die Menschen vom Universum, das sie umgibt, fasziniert. Heute können wir am Fernsehschirm mit dabeisein, wenn Space Shuttles ein ums andere Mal Frauen und Männer in den Weltraum und wieder zur Erde zurück bringen. Es hat Hunderte von Jahren gedauert, bis die Menschen genug über das Universum wußten, um sich an solche gefährlichen Unternehmungen zu wagen.

Dieses Buch beschreibt die faszinierende Geschichte der Weltraumforschung. Es beschreibt, wie unser Wissen über das Universum mit der Erfindung des Teleskops und den frühen Entdeckungen, etwa Galileis ersten Beobachtungen des Planeten Jupiter im Jahre 1610, allmählich Gestalt annahm. In der Zwischenzeit hat die Technologie uns immer größere und bessere Teleskope und zuletzt auch Satelliten und Computer beschert, mit deren Hilfe die Astronomen das Universum studieren und beobachten können.

Das große Buch des Weltraums erzählt, wie die menschliche Erforschung des Universums am 4. Oktober 1957 mit dem Start von Sputnik 1, dem ersten künstlichen Satelliten, begann. Dieser Satellit war nur eine winzige, silbrig glänzende Kugel, aber bald schon folgten ihm die weit größeren Raumschiffe. Nicht lange danach umkreiste der Mensch die Erde: Juri Gagarins erster Flug im Jahre 1961 war zwar noch sehr kurz, aber bereits acht Jahre später betrat der erste Mensch den Mond. Heute leben und arbeiten Menschen in weit von der Erde entfernten Raumstationen.

Roboter-Raumsonden haben Welten erforscht und fotografiert, die viel zu weit entfernt sind, als daß Menschen jemals dorthin kommen könnten. Das große Buch des Weltraums gibt Auskunft darüber, welche erstaunlichen Entdeckungen diese Sonden gemacht haben und welche aufregenden Pläne es für die Zukunft gibt. So sollen beispielsweise auf dem Mond Stationen und Observatorien gebaut und bemannte Flüge zum Mars geschickt werden!

Dieses Buch nimmt die Leser mit auf eine spannende Entdeckungsreise durch die Vergangenheit und in die Zukunft. Viel Spaß dabei!

Verwendete Abkürzungen:

mm = Millimeter
cm = Zentimeter
km = Kilometer
km/h = Stundenkilometer
km^2 = Quadratkilometer

INHALT

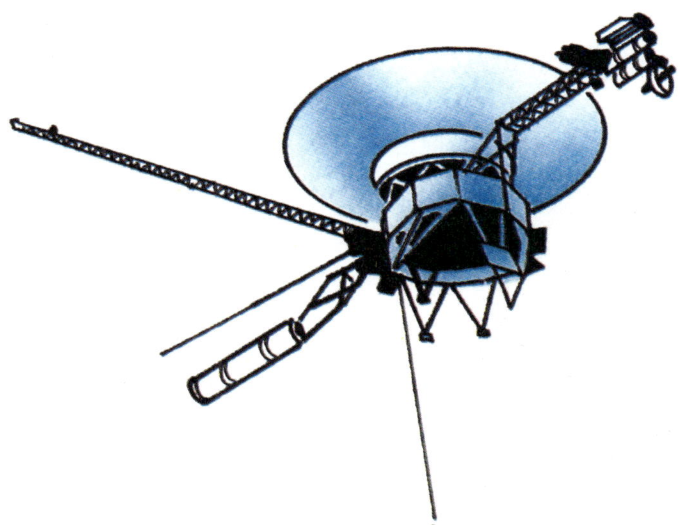

Das Universum

Wie entstand das Universum?

Die Astronomen glauben, daß sich das Universum vergrößert. Dann müßte es in der Vergangenheit kleiner gewesen sein, die gesamte Materie wäre sehr dicht zusammengedrängt gewesen. Vielleicht war das ganze Universum am Anfang nur so klein wie ein Punkt, und es gab eine gewaltige Explosion, die dazu geführt hat, daß das Universum sich ausdehnte und daß sich alle Galaxien voneinander entfernten. Man glaubt, daß das Universum mit dieser Explosion, dem Urknall, entstanden sei.

Wann entstand das Universum?

Das Universum entstand möglicherweise vor etwa 15 Milliarden Jahren. Die Wissenschaftler berechnen das Alter anhand der Geschwindigkeit, mit der entfernte Sterne sich seit der Entstehung des Universums abgekühlt haben.

Der Urknall

Glauben alle Wissenschaftler an den Urknall?

Nicht alle Astronomen stimmen mit der Theorie des Urknalls überein. Manche Wissenschaftler behaupten, daß das Universum immer schon so wie heute ausgesehen habe und daß es weder Anfang noch Ende gebe.

Was ist der Weltraum?

Der Weltraum ist nichts – oder fast nichts. Es ist der Raum zwischen Erde und Mond, zwischen den Planeten des Sonnensystems und zwischen den Sternen. Der Raum ist nahezu leer. Er beinhaltet nicht einmal Luft. Ein Stück Weltraum von der Größe eines Hauses enthält ein paar gasförmige Atome und vielleicht einige Körnchen Staub. Hier und da bewegen sich Meteoriten und Kometen durch diesen leeren Raum.

Wo beginnt der Weltraum?

Der Weltraum beginnt, wo die Atmosphäre zu Ende ist. Dafür gibt es aber keine scharfe Grenze. Je höher man steigt, desto dünner wird die Luft. In 160 Kilometern Höhe wird sie so dünn, daß ein Satellit die Erde umkreisen kann, ohne in der Luft zu verglühen. Allmählich beginnt der Weltraum.

Liegt die Erde im Zentrum des Universums?

Das Universum umfaßt alles, was existiert – Planeten, Monde, Sterne und Galaxien (Gruppen von Sternen). Es erstreckt sich in alle Richtungen, und womöglich sind nicht alle Teile des Universums durch unsere Teleskope zu erkennen. Daher weiß man nicht, ob die Erde im Zentrum des Universums liegt. Man weiß nicht einmal, ob das Universum überhaupt ein Zentrum hat.

Welche Kraft hält das Universum zusammen?

Dieselbe Kraft, die unsere Füße auf der Erde hält, hält auch das Universum zusammen. Dies ist die Schwerkraft oder Gravitation. Sie erstreckt sich über den Raum zwischen Planeten, zwischen Sternen und zwischen Galaxien. Sie hält die Planeten im Sonnensystem und die Sterne in riesigen Galaxien zusammen.

Wie groß ist das Universum?

Niemand weiß genau, wie groß das Universum ist. Vielleicht liegen Teile davon außerhalb der Reichweite unserer Teleskope. Auch sind die Astronomen nicht sicher, ob das Licht von den weitestentfernten Objekten im Universum geradlinig zu uns kommt. Die Strahlen könnten gebrochen sein, und dann wären uns die Objekte näher, als sie scheinen. Dennoch dürften sie 15 Milliarden Lichtjahre entfernt sein.

① Die Erde im Weltraum

② Die Erde und weitere acht Planeten kreisen um die Sonne.

Was ist ein Lichtjahr?

Die Abstände zwischen den Sternen sind so groß, daß Astronomen sie nicht in Kilometern messen. Sie rechnen sie stattdessen in Lichtjahren. Ein Lichtjahr ist die Strecke, die das Licht in einem Jahr zurücklegt. Das sind umgerechnet 9,5 Billionen Kilometer.

Kann das Universum untergehen?

Astronomen glauben, daß das Universum wächst. Vielleicht wird es sich ewig weiter vergrößern. Dann wird es nach dem Erlöschen der letzten Sterne sehr kalt und dunkel werden. Vielleicht wird aber auch die Ausdehnung langsamer, stoppt schließlich und das All beginnt zu schrumpfen. Zum Schluß müßten die Galaxien zusammenprallen, und das Weltall würde mit einer Explosion untergehen.

③ Unsere Galaxie ist so groß wie die Galaxie an der Spitze des Pfeiles – nur ein Fleck unter Millionen von Galaxien.

Wird das Universum größer?

Astronomen können die Geschwindigkeit messen, mit der Sterne und Galaxien wandern. Die meisten bewegen sich von uns fort. Je entfernter eine Galaxie ist, desto schneller scheint sie sich fortzubewegen. Demnach wird das Universum größer.

Was ist das Universum?

Das Universum umfaßt einfach alles, was existiert. Es ist nicht nur unser Sonnensystem und alle Sterne, Galaxien und all das, was es jenseits von ihnen noch gibt, sondern es ist überhaupt alles, was es nur irgendwo gibt. Das Universum hat keine Grenzen, obwohl es für uns auf der Erde durchaus so aussieht, als hätte es welche, weil wir keine Teleskope bauen können, mit denen wir unendlich weit sehen könnten. Das Universum geht immer weiter und hört nie auf. Wir glauben, daß schon unser Sonnensystem ungeheuer groß ist, und im Vergleich zur Entfernung zwischen der Erde und dem Mond stimmt das auch; aber im Vergleich zum Universum ist unser Sonnensystem viele Millionen Mal weniger wichtig als eine einzige Zelle im gewaltigen Körper eines Wals.

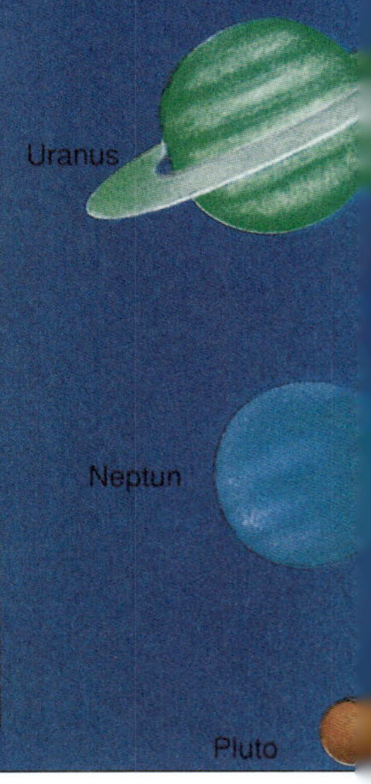

Mikroskop

Mit Mikroskopen beobachtet man die Teilchen, aus denen die Materie besteht. Diese Teilchen nennt man Atome. Wie unser Sonnensystem bestehen auch sie aus einem Körper in der Mitte, dem Atomkern, der von anderen Körpern, den sogenannten Elektronen, umkreist wird.

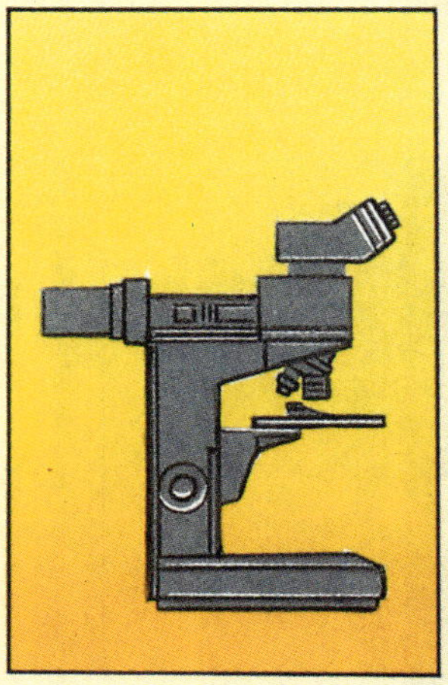

Sterne
Nebel
Galaxien

Wann gab es den Urknall?

Man nimmt heute an, daß das Universum fünfzehn bis zwanzig Milliarden Jahren in einer gewaltigen Explosion entstanden ist, die von den Astronomen als „Urknall" bezeichnet wird. Diese Explosion muß so unvorstellbar gewaltig gewesen sein, daß ein Vergleich zwischen ihr und einer Atombombe wie der Vergleich zwischen dem Knall einer Kinderpistole und der Explosion einer Supernova ausfiele. Die Astronomen sagen, daß vor dieser Explosion nichts existiert habe; der Urknall sei der Augenblick, in dem die Zeit begonnen habe.

Das Universum heute

Nach seiner Geburt in diesem gewaltigen Knall ist das Universum heute voller Galaxienhaufen. Wenn ältere Sterne sterben, formen sich ihre Überreste zu gasförmigen Nebeln um, aus denen neue Sterne geboren werden, die den Platz der alten einnehmen. Das Universum dehnt sich immer noch aus; noch Tausende Millionen Jahre nach dem Urknall bewegen sich die Galaxien voneinander weg in den Weltraum hinaus.

Das junge Universum war ein ungeheuer großer Feuerball, der sich wie ein Kaugummi beim Aufblasen ausdehnte. Während der ersten Mikrosekunden hatte es eine Temperatur von über Hunderttausend Millionen Grad Celsius (°C)! Beim Ausdehnen kühlte das Universum ab, und als es drei Minuten alt war, war seine Temperatur bereits auf „nur" eintausend Millionen Grad gefallen. Danach ballten sich im Laufe von Millionen Jahren gewaltige Wolken aus Wasserstoff zusammen, die dann in sich zusammenfielen und die ersten Galaxien bildeten. Später entstanden in gewaltigen Haufen Abermillionen von Galaxien, die das Universum bilden.

Das Ende des Universums

Wenn das Universum eine höhere Dichte hat als man heute annimmt, dann dehnen sich die Galaxien bis zu einem bestimmten Punkt aus und fangen dann an, sich wieder zusammenzuziehen. Dies wird letztlich dazu führen, daß sie wieder zu einem einzigen gewaltigen glühenden Feuerball zusammenschrumpfen (unten). Gegenwärtig geht man jedoch davon aus, daß sich das Universum unendlich ausdehnen wird, wobei die Galaxien sich gleichmäßig voneinander wegbewegen.

Ist die Erde einzigartig?

Die Erde ist der einzige uns bekannte Planet, auf dem es irgendeine Form von Leben gibt. Leben ist nur möglich, wenn Wasser vorhanden ist. Die Erde ist der einzige Planet im Sonnensystem, auf dessen Oberfläche es Wasser gibt. Die meisten anderen Planeten sind entweder zu heiß oder zu kalt, so daß das Wasser auf ihnen entweder verdampft oder zu Eis gefriert. Die Erde hat einen Durchmesser von 12765 Kilometern, wobei nur drei Zehntel der Oberfläche von Land bedeckt sind. Die Atmosphäre, ohne die es kein Leben gäbe, ist nur fünfzig Kilometer dick, und der dichte, für das Leben wichtigste Teil ist nur sechzehn Kilometer dick. Die Erde besteht aus drei deutlich voneinander getrennten Hauptschichten.

Die Erde ist von der Sonne aus gesehen der dritte Planet und umkreist diese in einem Abstand von 150 Millionen Kilometern.

Aus einer Entfernung von 200 Lichtjahren gesehen, sind die Sonne und alle ihre Nachbarn in einer Sternenwolke aus vielen Tausenden von Sternen verschwunden und nicht mehr im einzelnen zu erkennen.

Entfernen wir uns noch weiter, nämlich 10 000 Lichtjahre, dann sehen wir, daß die Sternenwolke nur ein winziger Teil eines viel größeren Spiralarms ist. Unsere Sonne ist nur noch eine unter vielen.

Der Spiralarm selbst ist wieder nur einer von vielen, die alle vom gleichen Mittelpunkt ausgehen und eine Galaxie mit einem Durchmesser von 100 000 Lichtjahren bilden. Unsere Galaxie, die „Milchstraße“, hat ca. 200 Milliarden Sterne.

Die Erde

Wann ist die Erde entstanden?

Die Erde ist vor etwa 4,6 Milliarden Jahren entstanden. Sie bildete sich in der Wolke aus Gas und Staub, die sich verdichtete und die Sonne und alle Planeten entstehen ließ. Gesteinskörner sammelten sich in der Wolke und ballten sich schließlich zu einer Kugel zusammen. Anfangs war das Gestein rotglühend und flüssig, später kühlte es ab und verhärtete.

Sind Erde und Mond gleich alt?

Der Mond entstand etwas später als die Erde. Genau wie die Erde war der Mond anfangs eine rotglühende Kugel aus geschmolzenem Gestein, das sich beim Abkühlen verfestigte. Allerdings geschah das beim Mond schneller als bei der Erde, weil er kleiner war.

Warum ist die Erde rund?

Regentropfen oder Seifenblasen formen sich durch die Oberflächenspannung zu Kugeln. Als die Erde entstand, war sie glühend heiß und flüssig. Sie hat sich, als sie im All schwebte, unter ihrem eigenen Gewicht zu einer Kugel geformt. Beim Abkühlen sind die oberen Schichten erstarrt, aber die Erde hat ihre Kugelform beibehalten und ist im Innern immer noch flüssig. Nur an den Polen ist die Erde leicht abgeplattet. Wäre ein Berg auf der Erde viel höher als der Mount Everest, müßte er unter seinem eigenen Gewicht in der Erdkruste versinken. Nur ganz kleine Himmelskörper können völlig anders als eine Kugel geformt sein.

Ist die Erde vollkommen rund?

Nein. Die Erde ist nicht kugelförmig, sondern an den Polen ein wenig abgeflacht. Die Ursache ist die durch die Erddrehung entstandene Zentrifugalkraft.

Was ist der Äquator?

Der Äquator ist eine gedachte Linie um die Mitte der Erde. Der Äquator ist der nullte Breitengrad. Dort hat die Erde ihren größten Umfang.

Wie groß ist die Erde?

Der Erdumfang am Äquator (einmal rundherum) beträgt 40076 Kilometer. Ihr Durchmesser am Äquator (einmal mitten durch) beträgt 12757 Kilometer. Zwischen den Polen gemessen ist die Erde geringfügig kleiner, weil sie an den Polen leicht abgeflacht ist. Könnten wir die Erde auf eine Waagschale legen, kämen wir auf ein Gewicht von 5,9 Trilliarden ($5{,}9 \times 10^{21}$) Tonnen. Doch jedes Jahr wird die Erde wegen der aufprallenden Meteoriten um einige Tausend Tonnen schwerer.

Die Entstehung der Erde

Wie sieht es in der Erde aus?

Die Erde ist eine riesige Steinkugel. Könnten wir bis zum Zentrum eindringen, kämen wir durch verschiedene Schichten. Die erste ist die Erdkruste. Unterhalb der Ozeane ist sie nur 6 Kilometer dick. Dann folgt eine dicke Felsschicht, Mantel genannt, die beinahe halb bis ans Zentrum heranreicht. Je weiter man zum Erdinnern vordringt, desto heißer wird es; und unterhalb des Mantels ist eine heiße, flüssige Gesteinsschicht – der äußere Kern. Der innere Kern ist eine riesige Kugel aus extrem heißem, aber festem Gestein. Er beginnt 5000 Kilometer unter unseren Füßen. Im Mittelpunkt vermutet man eine Temperatur von bis zu 4500 °C.

Wieviel Land gibt es?

Fast 150 Millionen Quadratkilometer der Erdoberfläche sind Land. Das sind ungefähr 25 000 Quadratmeter für jeden Erdenbürger, aber nur 29 % der gesamten Erdoberfläche. Die restlichen 71 % sind Ozeane und Seen.

Planet Erde

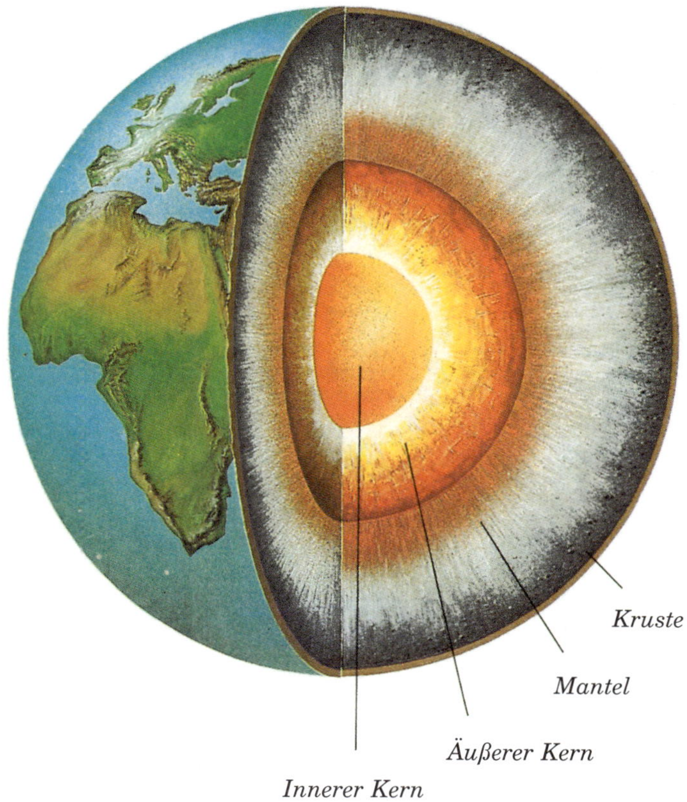

Die Erde: Fakten

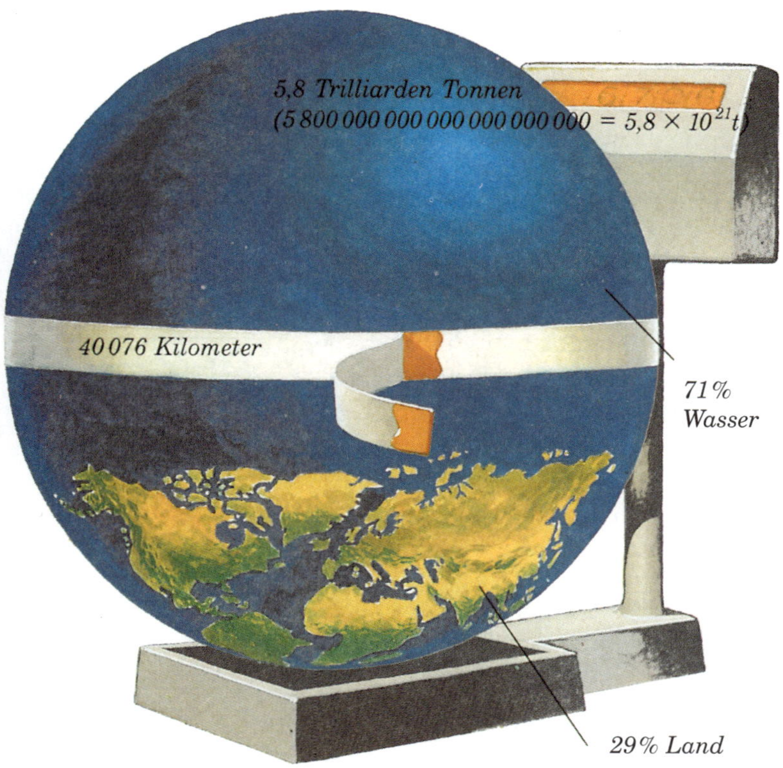

Wer zeichnete die erste Weltkarte?

Weltkarten entwarf man schon vor langer Zeit, aber sie hatten wenig mit unseren heutigen gemein. Man wußte noch nicht, daß es Kontinente wie Nord- und Südamerika oder Antarktika gab. Die Karten zeigen nur einen Teil der Erde. Erst im 16. Jahrhundert, als Menschen um die Welt segelten, wurden die ersten Karten gezeichnet, die der heute bekannten Erde ein wenig ähneln. Eine der besten wurde von Mercator, einem flandrischen Kartographen, hergestellt, der 1568 die Kartenprojektion entwickelte.

Was sind Längen- und Breitengrade?

Längen- und Breitengrade sind Linien, die auf einer Weltkarte oder einem Globus eingezeichnet sind. Die Linien von Nord nach Süd sind Längengrade. Breitengrade gehen von Ost nach West. Bei Schiff- und Luftfahrt werden die Positionen der Schiffe und Flugzeuge in Längen- und Breitengraden gemessen. Die Positionen sind dort, wo sich die Längen- und Breitengrade kreuzen.

Wer glaubte, daß die Erde der Mittelpunkt des Universums sei?

Bis zum Ende des Mittelalters glaubten die Menschen, daß die Erde der Mittelpunkt des Universums sei. Dieses Weltbild, das man „geozentrisch“ (= Erde im Zentrum) nennt, beruhte auf den Studien von Claudius Ptolemäus, eines bedeutenden Naturwissenschaftlers, der im 2. Jahrhundert n. Chr. in der ägyptischen Stadt Alexandria forschte und lehrte.

Wer begründete das moderne Weltbild?

Der polnische Astronom Nikolaus Kopernikus (1487 bis 1543) veröffentlichte im Jahre 1543 ein Buch, in dem er behauptete, daß Ptolemäus' Weltbild nicht stimme. Kopernikus zeichnete in seinem Buch ein Schaubild, auf dem sich die Erde mit anderen Planeten um die Sonne dreht. Dieses Weltbild nennt man „heliozentrisch“ (= Sonne im Zentrum).

Wer bewies, daß Kopernikus Recht hatte?

Das neue kopernikanische Weltbild traf bei den Zeitgenossen auf heftigen Widerstand. Viele Menschen waren der Ansicht, daß damit die Bedeutung der Erde und der Menschheit im Universum herabgesetzt würde. Doch die Astronomen Galileo Galilei (1564 bis 1642) und Johannes Kepler (1571 bis 1630) konnten mit ihren Beobachtungen und Berechnungen beweisen, daß Kopernikus Recht hatte, und verhalfen der neuen Lehre zum Durchbruch.

Welche Bedeutung hat die Erde im Universum?

Die Erde ist nur ein kleiner Himmelskörper, der sich um einen leuchtenden Stern durchschnittlicher Größe bewegt. Das Sonnensystem wiederum ist nur ein verschwindend kleiner Teil der Milchstraße, einer riesigen Galaxie, von denen es unzählige gibt in der unendlichen Weite des Weltraums.

Warum ist die Erde einzigartig?

Die Erde hat etwas Besonderes, das auf keinen anderen Planeten des Sonnensystems zutrifft: Nur hier sind die Voraussetzungen für Leben, so wie wir es kennen, gegeben.

Seit wann gibt es Leben auf der Erde?

Vor etwa 3,5 Milliarden Jahren entwickelten sich die ersten Lebensformen, vielleicht in vulkanischen Becken oder in Heißwasserquellen am Meeresgrund. Es waren winzige Bakterien, die nur aus einer einzigen Zelle bestanden und sich von Mineralien ernährten. Daraus gingen andere Bakterien hervor, die Sauerstoff an die Atmosphäre abgaben, eine wichtige Voraussetzung für die Entwicklung weiterer Lebensformen.

Seit wann gibt es Menschen auf der Erde?

Im Vergleich zur Entstehung des Universums und zu frühen Lebensformen auf der Erde existiert der Mensch erst seit einem winzig kleinen Augenblick. Fossilienfunde belegen, daß die ersten menschenähnlichen Lebewesen vor sechs Millionen Jahren auftauchten. Menschen die uns ähnelten, gab es erst vor etwa 30 000 Jahren.

Wurde die Entstehung des Lebens durch Blitze ausgelöst?

Im Jahre 1953 füllten Forscher Wasser und Luft in einen dichten Behälter, um die Meere und die Atmosphäre der Urzeit nachzuahmen, und zündeten darin einen elektrischen Funken. Einige Tage später war der Behälter mit Aminosäuren angefüllt, den grundlegenden Baustoffen des Lebens.

Was ist Atmosphäre?

Atmosphäre nennt man die Gashülle, die einen Planeten oder Mond umgibt. Jupiter und Saturn zum Beispiel haben dicke, wolkige Gashüllen aus Wasserstoff und anderen Gasen. Die Erdatmosphäre ist vergleichsweise dünn. Sie reicht in eine Höhe von etwa 800 Kilometern und geht allmählich in den Weltraum über.

Warum ist die Atmosphäre wichtig?

Ohne Atmosphäre wäre auf der Erde kein Leben möglich. Die Atmosphäre enthält lebenswichtigen Sauerstoff und dient uns als Schutzschild, ohne den wir tagsüber von der Sonne verbrannt und bei Nacht erfrieren würden.

Was ist Polarlicht?

Am Nachthimmel der Polargebiete kann man beeindruckende Lichtschauspiele beobachten. Sie entstehen durch elektrisch geladene Teilchen von der Sonne, die vom Magnetfeld der Erde zu den Polen gelenkt werden. Ihr Aufprall auf die Atmosphäre erzeugt die leuchtenden, farbigen Lichter am Polarhimmel.

Gibt es leuchtende Wolken?

In Sommernächten kann man über Gebirgen in nördlichen Breiten manchmal leuchtende Wolken beobachten, die sogenannten Perlmuttwolken. Wahrscheinlich handelt es sich um Staub, der bei Vulkanausbrüchen in höhere Schichten der Atmosphäre geschleudert worden ist.

Polarlicht entsteht durch elektrisch geladene Teilchen. Perlmuttwolken treten an der Grenze zwischen Mesosphäre und Ionosphäre auf. Beim Eindringen in die Mesosphäre verglühen Meteore und werden als sogenannte Sternschnuppen sichtbar.

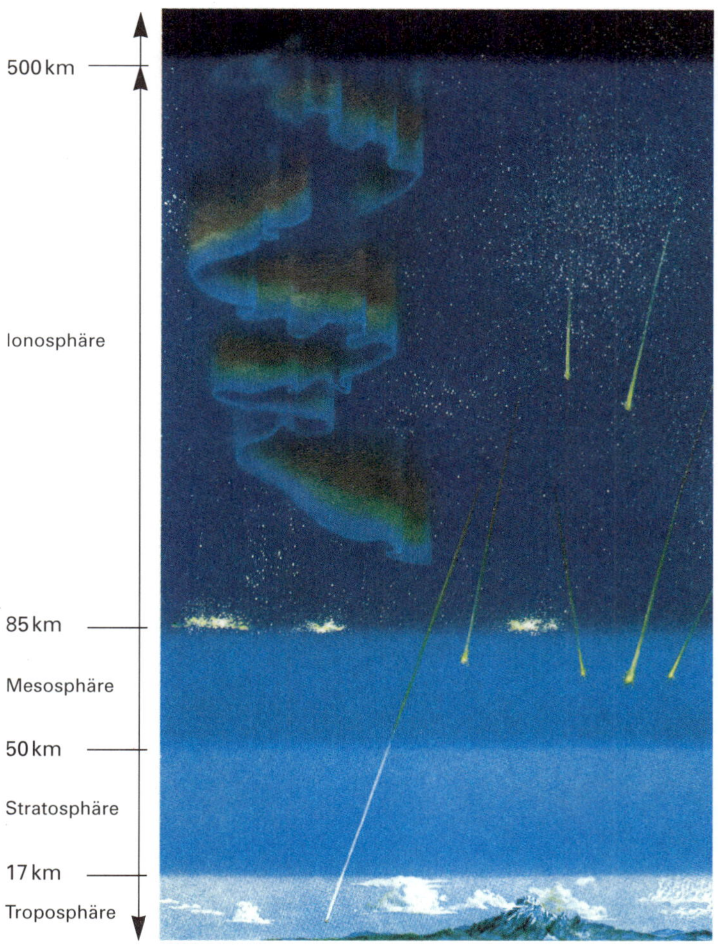

Wie viele Schichten hat die Atmosphäre?

Die Atmosphäre wird in fünf Schichten untergliedert, an deren Grenzen sich jeweils die Temperatur ändert: die Troposphäre (bis zur Höhe von 17 Kilometern), die Stratosphäre (bis zur Höhe von 50 Kilometern), die Mesosphäre (bis zur Höhe von 85 Kilometern). Es folgt die Thermosphäre oder Ionosphäre (bis zur Höhe von 500 Kilometern). Darüber hinaus spricht man von der Exosphäre.

Wo entsteht das Wetter?

Die meisten Schichten der Atmosphäre bestehen aus unbeweglichen Gasmischungen. Die unterste Schicht, die Troposphäre, besteht allerdings aus Gasen, Wasser und Staubteilchen. Sie verursachen die Bewegungen, die für das Wetter auf der Erde verantwortlich sind.

In welcher Sphäre fliegen Flugzeuge?

In etwa 17 Kilometer Höhe beginnt die zweite Schicht der Atmosphäre, die trockene und wolkenfreie Stratosphäre. In diesem Bereich müssen Flugzeuge nicht mit Niederschlägen, Stürmen oder Gewittern rechnen, was die Flugsicherheit erhöht. Wegen des niedrigen Luftdrucks sind druckdichte Kabinen erforderlich.

Wo liegt die Ozonschicht?

In der Stratosphäre gibt es eine dünne Schicht Ozon, eine Form von Sauerstoff. Die Ozonschicht schützt uns, denn sie filtert die ultravioletten Strahlen aus dem Sonnenlicht. Ohne die Ozonschicht würden diese Strahlen gefährliche Auswirkungen auf der Erde haben.

Was ist das Ozonloch?

Durch die Verwendung von FCKWs (Fluorchlorkohlenwasserstoffe) wird die Ozonschicht immer dünner. FCKWs werden aus Spraydosen und Kühlschränken freigesetzt. Das über der Antarktis befindliche Loch in der Ozonschicht wird immer größer. Wissenschaftler fordern, daß die schädlichen FCKWs nicht mehr verwendet werden. FCKW-freie Kühlschränke sind mittlerweile im Handel erhältlich, und Spraydosen werden zunehmend durch umweltverträgliche Pumpsysteme ersetzt.

Woraus besteht die Erde?

Die Erde besteht aus drei deutlich voneinander getrennten Hauptschichten.

Die feste Schicht, auf der wir leben, ist die Kruste. Sie besteht aus einem kontinentalen Teil (trockenes Land) und einem ozeanischen Teil (dem Meeresboden). Diese harte, steinige Schicht bildet fünfzehn „Platten“, die sich genau ineinanderfügen und ständig in Bewegung sind. Die Kruste ist vierzig Kilometer dick.

Der Mantel ist in obere und untere Schichten gegliedert. Aufgrund des radioaktiven Zerfalls seiner Elemente ist der Mantel eine halbflüssige Schicht, die durch von unten aufsteigende Konvektionsströme langsam umgewälzt wird. Der Mantel ist 2800 Kilometer dick.

Der Erdkern ist in eine innere und eine äußere Schicht unterteilt. Die Temperatur im Innern des Kerns beträgt etwa 5000 Grad Celsius; es ist also darin fast so heiß wie an der Oberfläche der Sonne. Der Kern besteht hauptsächlich aus Eisen. Er ist 3450 Kilometer dick.

Eurasien ist die größte kontinentale Landmasse und bedeckt eine Fläche von 7168493 Quadratkilometern.

Um die Struktur der Erdkruste in allen Einzelheiten untersuchen zu können, haben russische Wissenschaftler 1970 auf der Halbinsel Kola das tiefste Loch der Welt gebohrt. Sie wollten bis in 15 Kilometer Tiefe vordringen – 46 Mal mehr als die Höhe des Eiffelturms. 1985 kamen sie in 12 Km Tiefe aber nicht weiter. Auch eine deutsche Bohrung, die 14 Kilometer erreichen sollte, endete in 9 Kilometer Tiefe.

Die Erde wiegt 5974×10^{18} (5974 mit 18 Nullen dahinter) Tonnen.

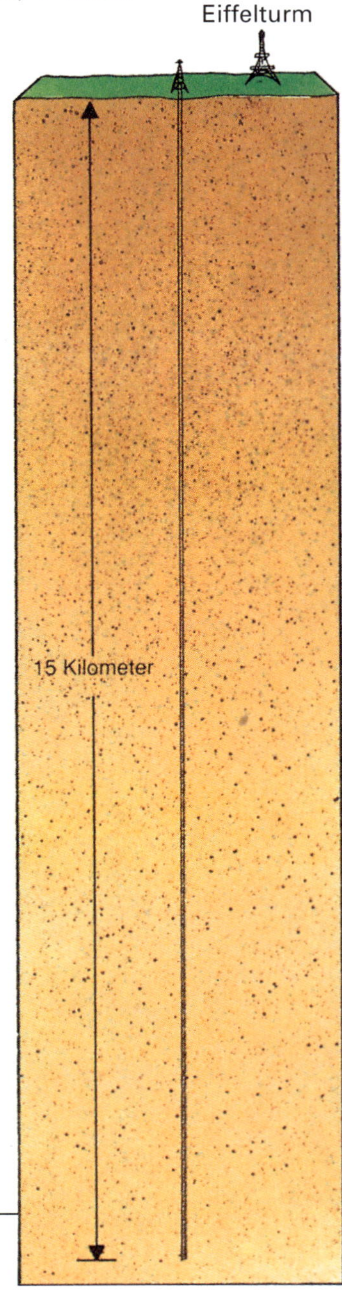

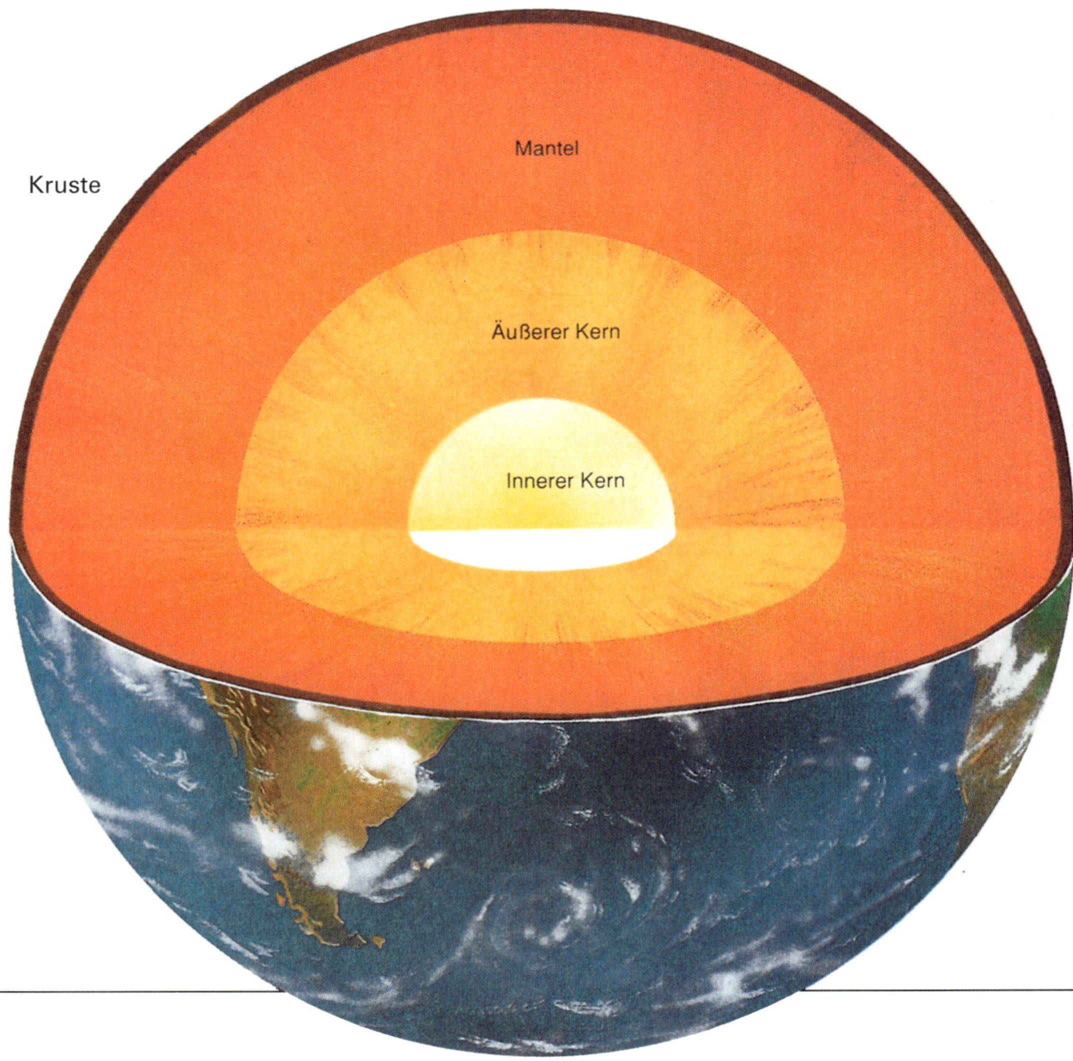

Die Wissenschaft, die die Bewegung der fünfzehn verschiedenen Krustenplatten beobachtet, nennt man „Plattentektonik". An den Stellen, wo diese Platten aufeinandertreffen, geschehen verschiedene Dinge:

- Wenn eine ozeanische Platte auf eine kontinentale trifft, schiebt sich die ozeanische unter die kontinentale Platte.
- An den Stellen, wo zwei kontinentale Platten zusammenstoßen, werden Gebirgszüge wie zum Beispiel der Himalaja nach oben gedrückt.
- Wenn zwei Platten sich gegeneinander verschieben, entsteht eine unstabile, erdbebengefährdete Zone *(unten)*.

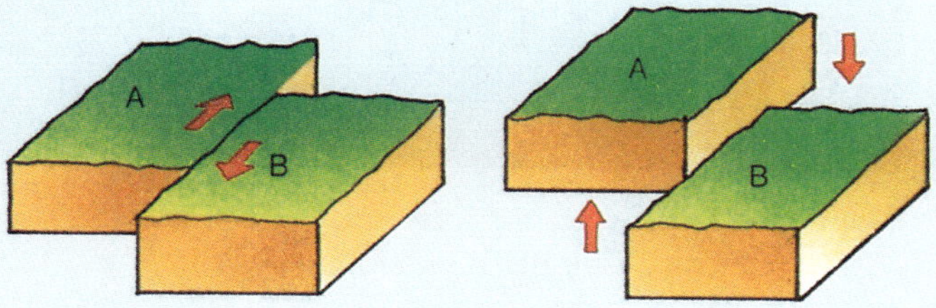

Erdbeben können so gewaltig sein, daß sie ganze Städte zerstören. San Francisco, das an der berüchtigten San Andreas-Spalte (der Grenze zwischen der nordamerikanischen und der pazifischen Platte) liegt, wurde 1906 von einem ungeheuren Erdbeben fast ganz zerstört und im Oktober 1989 erneut heimgesucht.

Es gibt 850 aktive Vulkane auf der Erde, 77 davon alleine in Indonesien.

Vulkane entstehen, wenn geschmolzenes Magma aus dem Bereich unter der Kruste nach oben gedrückt und rote, heiße Lava aus den kegelförmigen Bergspitzen herausgeschleudert wird. Einige Vulkane können regelmäßig ausbrechen, ohne daß sie viel Schaden verursachen, andere jedoch können große Verwüstungen anrichten. Als 1883 der Vulkan auf der Insel Krakatau mit der Zerstörungskraft von 36 Wasserstoffbomben ausbrach, begrub er 163 Dörfer unter der Lava, tötete 36 380 Menschen und schleuderte Gesteinsbrocken mehr als fünfzig Kilometer hoch in die Luft.

Die Ozeane

Warum wird die Erde „Blauer Planet" genannt?

Die ersten Weltraumaufnahmen zeigten die Erde als blauen Planeten in der dunklen Weite des Universums. Die charakteristische Farbe erhält die Erde durch die Ozeane. Fast 71% der Erdoberfläche sind von Wasser bedeckt, die Hälfte davon nimmt der riesige Pazifische Ozean ein. Eigentlich ist die Erdoberfläche ein Ozean mit den Kontinenten als Inseln. Würde man die Wassermasse der Ozeane gleichmäßig an alle Menschen der Erde verteilen, würde jeder von uns 400 Millionen Tonnen Wasser bekommen.

Zu welcher Zeit sind die Ozeane entstanden?

Die Ozeane bildeten sich vor Millionen Jahren, als die Erde abkühlte und erstarrte. Einige Wissenschaftler behaupten, daß das Wasser aus dem flüssigen Gestein freigesetzt wurde. Andere behaupten, es sei aus wasserhaltigen Gaswolken herabgefallen, die die Erde umgaben. Durch Bewegungen der Erdkruste bildeten sich Kontinente und Meere.

Welchen Ozean nennen die Wissenschaftler „Tethys"?

Vor etwa 200 Millionen Jahren gab es auf der Erde nur eine einzige große Landmasse, den Urkontinent Pangäa, der von einem riesigen Ozean umgeben war, den man Tethys nennt. Der Urkontinent teilte sich, brach in mehrere Stücke auseinander, und nach weiteren Jahrmillionen entstanden die Kontinente und Ozeane, die wir heute kennen.

Wie viele Ozeane gibt es auf der Erde?

Man unterscheidet vier Ozeane. Am größten ist der Pazifik, der fast so groß ist wie alle anderen Ozeane zusammen. Dann folgen der Atlantik, der Indische Ozean und das Nordpolarmeer. Die südlichen Teile des Pazifiks, Atlantiks und des Indischen Ozeans werden manchmal als Südpolarmeer bezeichnet. Man könnte also auch von fünf Ozeanen sprechen.

Die blaue Farbe verdankt die Erde den Ozeanen, die mehr als zwei Drittel ihrer Oberfläche bedecken.

Was ist ein Kontinent?

Ein Kontinent ist eine große zusammenhängende Landmasse, die ganz oder teilweise von Wasser umgeben ist. Man unterscheidet sechs Kontinente oder Erdteile: Afrika, Amerika, Asien, Australien/Ozeanien und Europa. Der größte Kontinent ist Asien, der kleinste Australien.

Wie tief sind die Ozeane?

Am tiefsten sind die Ozeane dort, wo sich große Gräben gebildet haben. Diese Gräben sind vor allem in den westlichen Gebieten der großen Ozeane zu finden. Am tiefsten ist der Marianengraben im Pazifik mit über 11000 Meter Tiefe. In Küstennähe sind die Ozeane kaum mehr als 200 Meter tief. Die durchschnittliche Tiefe auf offener See beträgt etwa 4000 Meter.

Wo befindet sich der längste Gebirgszug der Welt?

Inmitten der Ozeane verläuft der Mittelozeanische Rücken. Er beginnt im Nordpolarmeer, zieht sich nach Süden durch den Atlantik und wendet sich dann nach Osten. Durch den Indischen und Pazifischen Ozean erstreckt er sich schließlich bis zur Westküste Nordamerikas. Mit einer Gesamtlänge von 65000 Kilometern ist er der längste Gebirgszug der Welt. Manche Gipfel sind bis zu 4200 Meter hoch, aber nur wenige ragen als Inseln über die Wasseroberfläche.

Gibt es noch tätige Vulkane am Meeresgrund?

Man kennt auf der Erde über 850 aktive Vulkane, von denen etwa 80 auf dem Meeresgrund liegen. Wenn geschmolzenes Gestein an die Oberfläche dringt und sich über den Meeresboden ergießt, kann das verheerende Flutwellen auslösen.

Was sind Tsunamis?

Tsunamis oder Flutwellen entstehen durch Bewegungen am Meeresboden. Ein Erdbeben oder Vulkanausbruch erzeugt in der Tiefe des Meeres eine Welle, die weitaus stärker ist als normale Wellen an der Oberfläche. Im offenen Meer ist die Welle nicht hoch, aber sie bewegt sich in rasendem Tempo vorwärts, mit bis zu 800 Kilometern pro Stunde. Im seichten Küstenwasser kann sie sich auf über 80 Meter auftürmen. Wenn solche Tsunamis an Land donnern, richten sie große Zerstörungen an.

Wie entstehen die Meereswellen?

Wellen bewegen sich durchs Wasser, weil der Wind sie vorantreibt. Bei starkem Wind entstehen hohe Wellen. Doch nur die Wellen laufen vorwärts, das Wasser selbst nicht (außer am Ufer, wenn die Welle ausläuft). Das Wasser bewegt sich nur auf und ab, wie man beobachten kann, wenn eine Welle an einem Boot hochschwappt. Der Wind treibt das Wasser voran, so daß an der Oberfläche eine Welle entsteht.

Warum ist Meerwasser salzig?

Das Meer ist salzig, weil es aufgelöstes Salz enthält. Es kommt von den Flüssen, die ins Meer münden. Die Flüsse waschen etwas Salz aus den Felsen, über die sie hinwegströmen, und transportieren es ins Meer. Diese Fracht, über Jahrmillionen in nur eine Richtung geleitet, hat das Meerwasser salzig gemacht.

Wieviel Salz ist im Meer?

Meerwasser enthält pro Liter etwa fünf gehäufte Teelöffel Salz. Dabei handelt es sich um das gleiche Salz, das wir zum Würzen verwenden. Jedes Jahr werden 6 Millionen Tonnen Salz aus dem Meer gewonnen.

Kann man Meerwasser trinken?

Nein. Meerwasser ist kein Trinkwasser! Es ist zu salzig. Wenn ein Mensch nur Meerwasser zu sich nimmt, stirbt er. Der Körper trocknet aus, weil er versucht, das Salz auszuscheiden.

Wie entstehen Ebbe und Flut?

Zweimal täglich steigt und sinkt der Wasserstand an den Küsten. Diesen Wechsel nennt man Gezeiten. Gezeiten entstehen durch die Anziehungskraft, die Sonne und Mond auf die Erde ausüben. Der Mond steht der Erde näher, daher ist seine Wirkung größer. Seine Anziehungskraft läßt in den Ozeanen Wasserberge entstehen, die als Ebbe und Flut an den Küsten sichtbar werden.

Was ist eine Springflut?

Der Wasserstand bei Ebbe und Flut ändert sich täglich. Alle zwei Wochen kommt es zu besonders hohen Fluten, den sogenannten Springfluten. Sie entstehen, wenn Sonne und Mond in einer Reihe stehen und ihre Anziehungskräfte gemeinsam in der gleichen Richtung wirken. Umgekehrt entstehen sehr niedrige Fluten, die Nipptiden, wenn die Anziehungskräfte von Sonne und Mond in entgegengesetzter Richtung wirken.

Ist der Höhenunterschied zwischen Ebbe und Flut überall gleich hoch?

Wäre die Erde glatt und rund wie eine Billardkugel und ihre gesamte Oberfläche mit Wasser bedeckt, so wäre der Tidenhub, der Höhenunterschied zwischen Ebbe und Flut, überall gleich groß. Doch durch die unterschiedlichen Formen der Landmassen ist der Tidenhub an manchen Stellen sehr gering, an anderen sehr hoch. In der Bay of Fundy an der kanadischen Atlantikküste beträgt er bei Springfluten fast 15 Meter.

Wie entstehen Meeresströmungen?

Strömungen vor den Küsten entstehen durch die Gezeiten. Die großen Oberflächenströmungen auf offener See dagegen werden vom Wind verursacht und transportieren warmes Wasser vom Äquator weg. Die inneren Druckkräfte des Meeres bewirken gegenläufige Tiefenströmungen, die kaltes Wasser zum Äquator hinführen, um das vom Wind abgetriebene Wasser zu ersetzen.

Wie tief ist das Meer?

Mehr als zwei Drittel der Erdoberfläche sind mit Wasser bedeckt, wodurch sich unser Planet von allen anderen Planeten unterscheidet. Die Ozeane tragen nicht nur dazu bei, daß sich die Erde abkühlt, sondern sie haben die Menschen auch seit Tausenden von Jahren mit Fischen versorgt.

Über die Welt der Tiefsee wissen wir weniger als über die Oberfläche des Mars. Der Meeresboden ist ein unruhiges, sich ständig veränderndes Gebiet. Dort gibt es Risse, aus denen kochend heißes Wasser an die Oberfläche steigt. Tiefseegebirge und Vulkane, die so hoch sind, daß neben ihnen der Mount Everest wie ein kleiner Hügel wirkt, und tiefe, dunkle Gräben, die viele Kilometer in die Tiefe reichen und in denen sich Lebewesen verbergen, die wir uns nur in der Phantasie ausmalen können.

In den Ozeanen der Erde wimmelt es von Lebewesen, von mikroskopisch kleinem Plankton bis zu gewaltigen Walen, die wie U-Boote die Meere durchpflügen. Daneben gibt es furchteinflößende, drei Meter lange Aale, zierliche Seepferdchen und Schwärme von leuchtendbunten Fischen zwischen sich hin und her wiegenden Korallen. Unglücklicherweise sind viele Arten durch Profitgier, Unwissenheit und Meeresverschmutzung vom Aussterben bedroht.

Die größte natürliche Senke in der Erdoberfläche befindet sich in der Antarktis. Der tiefste Punkt liegt 2,5 km unter dem Meeresspiegel.

Meeresverschmutzung

Wenn Abwässer und Chemikalien ins Meer gepumpt werden, kehren sie als stinkender Schaum und Schleim wieder ans Ufer zurück. Bei Tankerunglücken bilden sich Ölteppiche, die sich über Hunderte von Quadratkilometern ausbreiten und dabei Vögel und Meereslebewesen töten. Radioaktiver Abfall, der in Behältern im Meer versenkt wurde, wird noch viele Tausend Jahre lang eine große Gefahr darstellen.

Der Mond

Wie groß ist der Mond?

Der Mond hat einen Durchmesser von 3476 Kilometern – etwa die gleiche Breite wie Australien. Seine Gesamtfläche ist nicht ganz viermal die Fläche Europas.

Die Größe des Mondes, verglichen mit der Größe Australiens.

Woher kommt der Mond?

Der Mond bildete sich, als das Sonnensystem entstand – gleichzeitig mit der Erde. Das liegt rund 4,6 Milliarden Jahre zurück.

Warum hat der Mond Krater?

Es gibt Krater auf der Erde. Sie wurden von Meteoriten verursacht, die aus dem All kamen, aber auch von Vulkanen. Dieselbe Art von Kratern gibt es auf dem Mond. Durch Wettereinflüsse werden die Krater auf der Erde zugeschüttet oder geglättet. Da es aber auf dem Mond kein Wetter gibt, bleiben die Krater dort unverändert.

Die uns zugewandte Seite des Mondes.

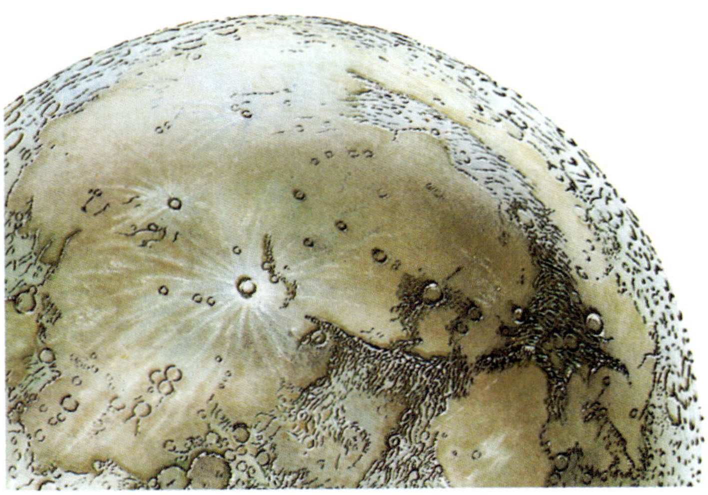

Was hält den Mond am Himmel?

Der Mond wird von der Gravitation der Erde angezogen, so wie alles, was zu Boden fällt. Trotzdem prallt er nicht auf die Erde, weil er zu schnell in eine Richtung wandert. Er „fällt“ sozusagen auf einer Umlaufbahn um die Erde herum, die beinahe kreisförmig ist. Auf diese Weise behält er ziemlich den gleichen Abstand zur Erde. Er ist durchschnittlich 385 000 Kilometer entfernt, das ist 30mal der Durchmesser der Erde. Wenn die Erde ein Tennisball wäre, wäre der Mond eine Murmel, die etwa zwei Meter entfernt läge.

Warum verändert sich die Form des Mondes am Himmel?

Alle vier Wochen wird aus dem Neumond ein runder Vollmond und dann umgekehrt. Diese Wechsel nennt man Mondphasen. In Wahrheit ändert der Mond nicht seine Form. Während er um die Sonne kreist, werden verschiedene Bereiche von der Sonne angestrahlt. Wir sehen nur diese beleuchteten Partien.

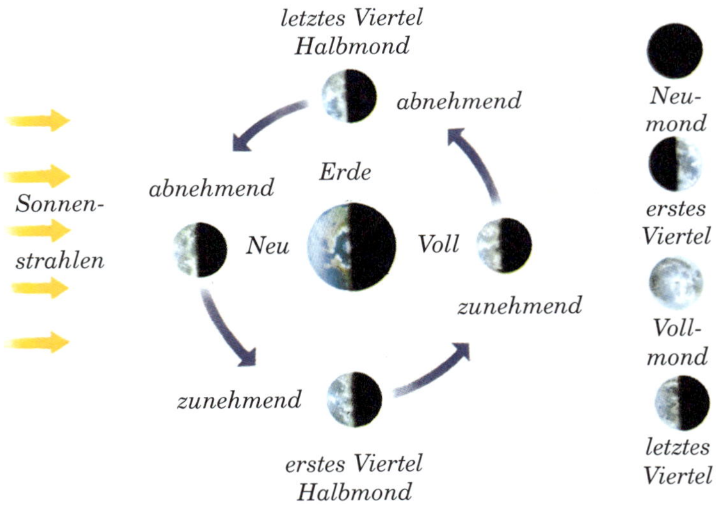

Die Mondphasen

Wie hoch kann man auf dem Mond springen?

Auf dem Mond könnten wir höher springen als auf der Erde. Unsere Körper würden dort 6mal weniger wiegen, weil die Gravitation des Mondes nur ein Sechstel der Erdgravitation beträgt. Trotzdem könnten wir auf dem Mond nicht viel höher springen als auf der Erde, denn um zu überleben, müßten wir einen schweren, sperrigen Raumanzug tragen.

Warum entstand auf dem Mond kein Leben?

Der Mond hat einen Durchmesser von nur 3476 Kilometern (Zum Vergleich: Der Durchmesser der Erde beträgt 12756 Kilometer). Weil der Mond so klein ist, reicht seine Schwerkraft nicht aus, die Gase einer Atmosphäre festzuhalten. Also gibt es dort keine Luft, und ohne Luft gibt es kein Leben.

Gibt es Mondlicht?

Strenggenommen nicht. Der Mond strahlt selbst kein Licht aus, reflektiert aber das Sonnenlicht so gut, daß es ausreicht, die Erde bei Nacht in blasses Licht zu tauchen.

Warum sehen wir immer nur eine Seite des Mondes?

Als der Mond sich nach seiner Entstehung abkühlte und verfestigte, wurde er von der Schwerkraft der Erde angezogen und bekam eine „Beule". Während der Mond die Erde umrundet, dreht er sich und wendet uns stets die „ausgebeulte" Seite zu. Die rückwärtige Seite des Mondes ist von der Erde aus nicht zu sehen.

Wann gab es die ersten Aufnahmen von der Rückseite des Mondes?

Im Oktober 1959 übermittelte die sowjetische Sonde Luna 3 erstmals Bilder eines Teils der erdabgewandten Seite des Mondes. In den siebziger Jahren wurde die kartographische Erschließung des Mondes abgeschlossen. Die jahrhundertealte Frage, was sich wohl auf der Rückseite des Mondes befinde, war nun beantwortet: im wesentlichen das gleiche wie auf der Vorderseite.

Wann gab es die ersten Mondkarten?

Die wichtigsten Merkmale der Mondoberfläche wurden bereits im 17. Jahrhundert von Astronomen erkannt. Die erste brauchbare Mondkarte schuf im Jahre 1651 der italienische Astronom Giovanni Battista Riccioli. Die Namen, die er den Oberflächenformationen des Mondes gab, sind auch heute noch gültig. In seinem Hauptwerk „Almagestum Novum" versuchte Riccioli, das gesamte astronomische Wissen seiner Zeit zusammenzufassen.

Wo befindet sich das Mare Crisium?

Die großen, teilweise schon mit bloßem Auge erkennbaren Dunkelgebiete auf der Mondoberfläche bezeichnete der italienische Astronom Riccioli als Meere (lateinisch: mare), zum Beispiel Mare Serenitatis (Meer der Heiterkeit), Mare Nubium (Wolkenmeer) oder Mare Crisium (Meer der Gefahren). Diese Namen gelten noch heute.

Stammt Mondstein vom Mond?

Nein. Mondstein ist eine Bezeichnung für einen Schmuckstein, der auf der Erde zu finden ist. Die Bodenproben, die die Astronauten vom Mond zurückbrachten, nennt man Mondgestein. In den Tresoren der NASA lagern etwa 388 Kilogramm.

Befindet sich der Mond von der Sonne aus gesehen hinter der Erde, sehen wir seine ganze beleuchtete Seite – wir haben Vollmond.

Wie groß ist der Mond?

Die Erde hat einen Durchmesser von 12 756 Kilometern. Der Mond dagegen hat nur einen Durchmes-

ser von 3476 Kilometern, und seine Oberfläche ist nicht viel größer als die von Afrika.

Im Vergleich mit den Monden anderer Planeten ist unser Mond allerdings ungewöhnlich groß. Nur die Jupitermonde Ganymed, Callisto, Io und der Saturnmond Titan sind noch größer, und diese Monde gehören zu Planeten, die viel größer als die Erde sind. Deshalb meinen manche Astronomen, daß man die Erde und den Mond zusammen als Doppelplanet bezeichnen sollte.

Die Entstehung des Mondes wird darauf zurückgeführt, daß vor etwa fünftausend Millionen Jahren, kurz nachdem die Erde entstanden war, ein Körper auf ihr einschlug, der etwa so groß war wie der Mars. Durch den Aufprall wurden gewaltige Trümmermassen in den Weltraum geschleudert, die dort zusamenprallten und allmählich zu einem großen, festen Körper verschmolzen. Durch die dauernden Zusammenstöße wurde Hitze freigesetzt, die die Mondoberfläche im Schmelzzustand hielt; die schwereren Elemente wie z.B. Eisen sanken in die Tiefe, und die leichteren Elemente stiegen nach oben, wo sie beide eine feste Kruste bildeten.

Der Mond braucht genausolange, um einmal die Erde zu umrunden, wie er braucht, um sich einmal um die eigene Achse zu drehen, nämlich 27,3 Tage. Das ist der Grund, weshalb wir immer dieselbe Seite des Mondes sehen.

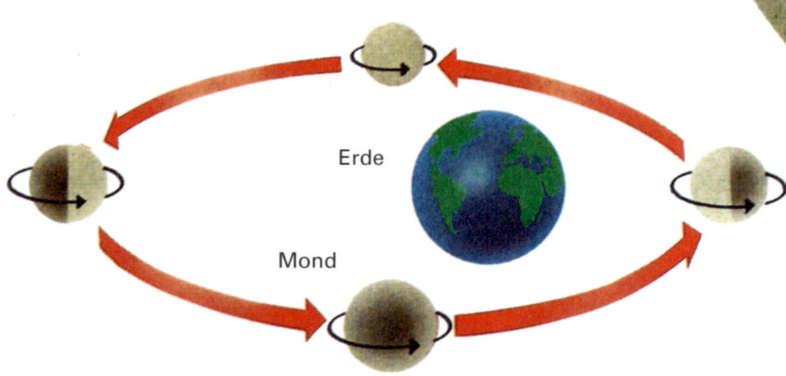

Die gesamte Mondoberfläche ist durch Krater gekennzeichnet. Kein Teil ist frei von ihnen. Die beeindruckendsten Krater von allen sind Tycho im südlichen Hochland und Kopernikus im Meer der Wolken. Der tiefste Krater vulkanischen Ursprungs auf dem Mond heißt Newton-Krater. Er ist fast neun Kilometer tief. Der Mond hat auch den größten Einschlagkrater im ganzen Sonnensystem. Es ist die Aitken-Depression. Sie hat 2250 Kilometer Durchmesser und ist stellenweise 12 km tief. Sie wurde 1994 von der Mondsonde Clementine entdeckt.

Die der Erde zugewandte Seite des Mondes

Der Krater Kopernikus hat einen Durchmesser von 96 Kilometern und ist mit dem Fernglas zu erkennen.

Man würde eigentlich erwarten, daß man Einzelheiten auf der Mondoberfläche am besten bei Vollmond erkennt. Da aber dann die Sonne direkt von oben auf den Mond scheint, werfen Berge und Kraterwände keine Schatten und sind deshalb nur sehr schwer zu erkennen.
Krater und andere Oberflächenstrukturen kann man am besten erkennen, wenn das Sonnenlicht schräg auf den Mond fällt und dabei lange Schatten erzeugt.
Mit einem einfachen Fernglas kannst Du Dutzende von Kratern und auch die berühmten Meere und Gebirgszüge erkennen.

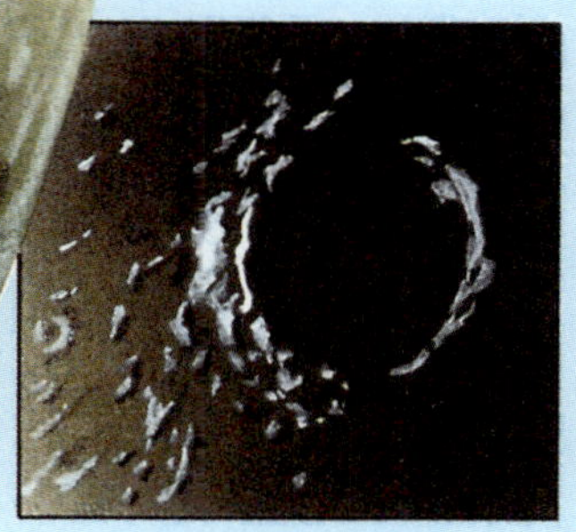

Sonne am Horizont: der Krater ist pechschwarz.

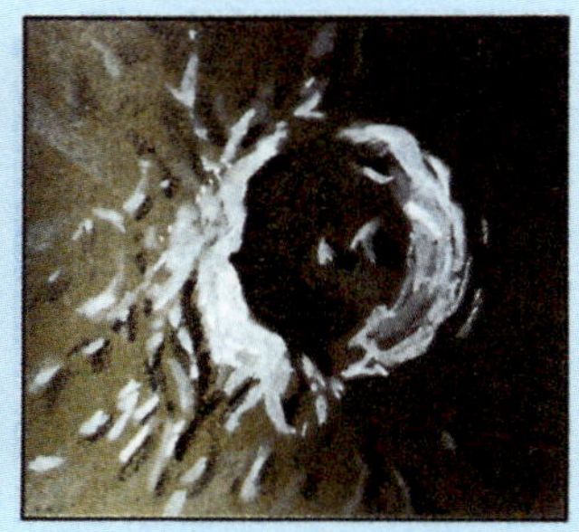

Sonne steht niedrig: die Schatten sind zu sehen.

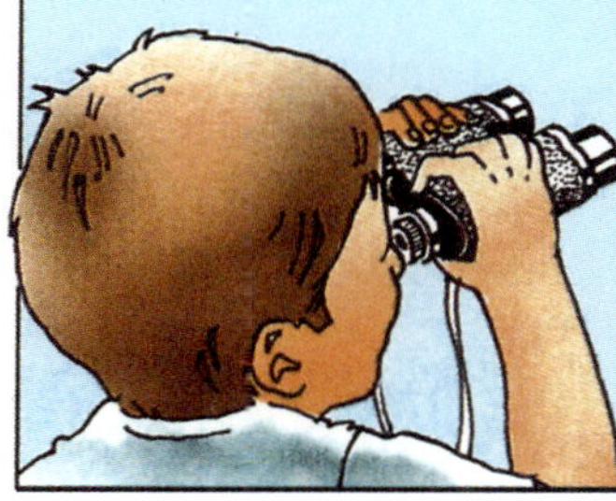

Sonne im Zenit.

Die Sonne

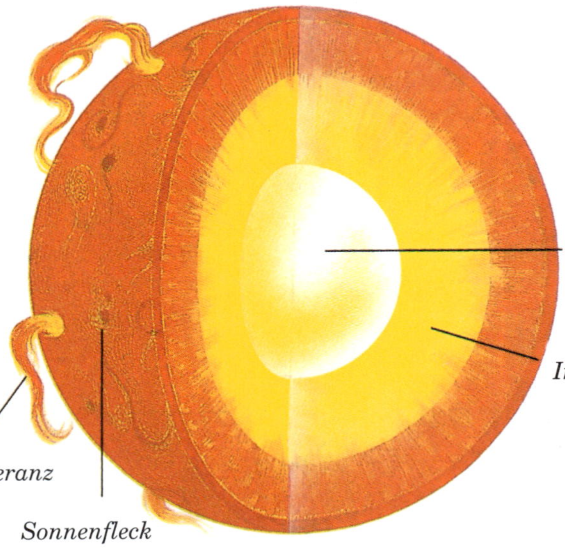

Wie groß ist die Sonne?

Die Sonne hat einen Durchmesser von 1392500 Kilometern, 109mal der Erdurchmesser. Sie wiegt 333000mal soviel wie die Erde und hat ein so gewaltiges Volumen, daß sie die Erde 1300000mal verschlucken könnte. Wäre die Erde so groß wie ein Tennisball, dann hätte die Sonne die Ausmaße eines Hauses.

Woraus besteht die Sonne?

Die Sonne ist ein riesiger Ball aus heißem Gas. Ihre Temperatur ist so hoch, daß sie weißglühend ist und Licht sowie Wärmestrahlen aussendet. Das meiste Gas in der Sonne ist Wasserstoff. Innerhalb der Sonne verwandelt es sich langsam in ein anderes Gas: Helium. Und während es dies tut, produziert es kolossale Hitzegrade.

Wann fing die Sonne an zu scheinen?

Erstmals schien die Sonne vor etwa 5 Milliarden Jahren. Sie formte sich aus einer Gaswolke und Staub, der durch den Raum schwebte. Die Wolke wurde allmählich kleiner und fester, und während sie schrumpfte, heizte ihr Zentrum auf. Schließlich wurde sie so heiß, daß sie zu glühen begann, und die Sonne war geboren. Der Rest der Wolke formte die Planeten und alle anderen Himmelskörper im Sonnensystem, einschließlich der Monde, Asteroiden und Kometen.

Bewegt sich die Sonne?

Es sieht so aus, als ob die Sonne von ihrem Aufgang bis zum Untergang am Himmel wandert. Doch das ist eine Täuschung. Die Sonne scheint zu wandern, dabei sind wir es, die sich bewegen – nicht die Sonne. Doch auf andere Weise bewegt sich auch die Sonne. Sie dreht sich wie die Erde, nur viel langsamer. So wie die Erde um die Sonne kreist und dabei den Mond mitnimmt, so dreht sich auch die Sonne um das Zentrum der Galaxis und nimmt die Erde und den Rest des Sonnensystems mit.

Wie heiß ist die Sonne?

Die Temperatur auf der Sonnenoberfläche beträgt ca. 5500 °C – heiß genug, um alles auf Erden verdunsten zu lassen. Im Innern der Sonne ist die Temperatur weit höher – etwa 15 Millionen °C.

Was geschieht während einer Sonnenfinsternis?

Während einer Sonnenfinsternis schiebt sich der Mond vor die Sonne. Draußen wird es dämmrig, und die Sonne wirkt kleiner – wie ein Neumond. Bei totaler Sonnenfinsternis verschwindet die Sonne für kurze Zeit, und draußen wird es finster und kalt. Während einer Mondfinsternis scheint der Mond zu schrumpfen und wegzutauchen. Das liegt daran, daß sich die Erde vor die Sonne schiebt und ihr Schatten auf den Mond fällt.

Sonnenfinsternis

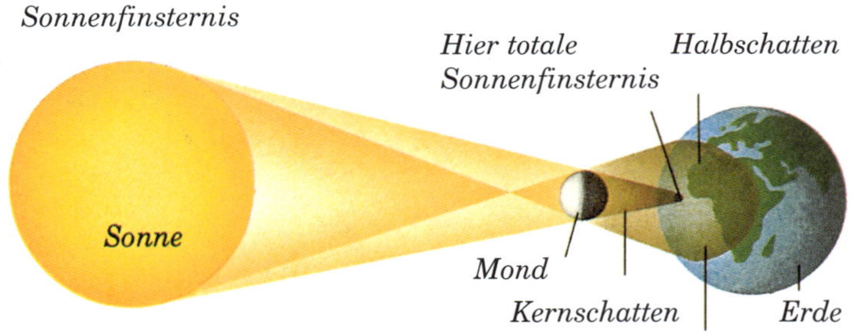

Mondfinsternis

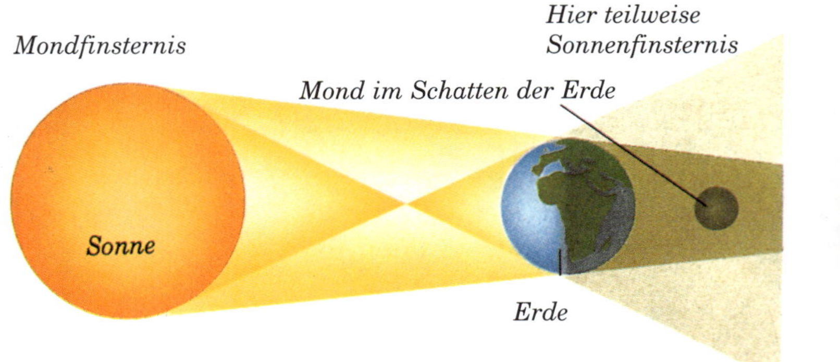

Wie oft ereignet sich eine Sonnenfinsternis?

Fast jedes Jahr ereignet sich irgendwo auf der Welt eine totale Sonnenfinsternis. Daher ist dieses Ereignis nichts Außergewöhnliches. Die Chance, an seinem Wohnort eine Sonnenfinsternis zu erleben, ist allerdings gering: Nur etwa alle 360 Jahre hat man die Gelegenheit, dieses Naturschauspiel zu beobachten.

Wann gab es in Deutschland zum letzten Mal eine Sonnenfinsternis?

Am 11. August 1999 kam es zur letzten Sonnenfinsternis des Jahrtausends. Die spektakuläre Verfinsterung dauerte insgesamt etwa 3 Stunden und konnte von Millionen von Menschen in ganz Europa beobachtet werden. Der Kernschatten des Mondes überquerte Süddeutschland auf einer Linie etwa von Stuttgart nach München. Dort ließ sich eine totale Sonnenfinsternis beobachten.

Wie funktioniert eine Sonnenuhr?

Schon vor 3000 Jahren wußten die Babylonier, wie man mit Hilfe der Sonne die Zeit bestimmt: Ein Stab, den man in die Erde steckt, wirft einen Schatten, der im Laufe des Tages wandert, je nachdem wo die Sonne gerade steht. Um den Stock herum wird ein Zifferblatt angelegt, auf dem die Stunden abgelesen werden können. Leider funktioniert eine Sonnenuhr nicht bei Nacht oder bedecktem Himmel.

Warum darf man nie direkt in die Sonne schauen?

Die Sonnenstrahlen verursachen Verbrennungen auf der Netzhaut, die zu dauerhafter Erblindung führen können. Deshalb darf man niemals direkt in die Sonne schauen, besonders nicht mit einem Fernglas oder einem Teleskop. Auch reicht es nicht, die Augen durch Filter zu schützen, wie zum Beispiel rußgeschwärzte Glasplatten. Da das Auge schmerzunempfindlich ist, sendet der Körper bei einer Netzhautverletzung kein Warnsignal. Also niemals in die Sonne schauen!

Wie lange wird die Sonne scheinen?

Wissenschaftler nehmen an, daß die Sonne noch mindestens weitere 4,5 Milliarden Jahre scheinen wird, bis ihr „Brennstoffvorrat“ verbraucht ist.

Warum wirkt die Sonne nahe dem Horizont rot?

Die Sonne und auch der Mond können in der Nähe des Horizontes rötlich und abgeplattet erscheinen, weil ihr Licht dann eine längere Strecke in der Atmosphäre zurücklegt. Die roten Strahlen dringen leichter durch die Luft als die anderen. Die Abplattung kommt durch die Brechung (Refraktion) zustande, welche von außen kommende Lichtstrahlen um so stärker scheinbar anhebt, je flacher sie eintreffen.

Nahe dem Horizont wirkt die Sonne oft abgeplattet.

Was ist Sonnenenergie?

Sonnenenergie ist zunächst einmal die Energie, die im Innern der Sonne durch Kernschmelzung entsteht. Sie wird in Form von Wärme, Licht und Radiowellen abgestrahlt und hält alle Vorgänge der Natur auf unserem Planeten am Leben. Auch die in den fossilen Brennstoffen Kohle und Öl gespeicherte Energie ist umgewandelte Sonnenenergie, denn die Sonne ließ die Pflanzen wachsen, aus denen Kohle und Öl entstanden sind.

Was sind Solarzellen?

Durch die Verbrennung von Kohle und Öl wird die Atmosphäre verschmutzt, so daß sich möglicherweise das Klima in einigen Teilen der Erde ändern wird. Außerdem sind die fossilen Brennstoffe auf der Erde begrenzt und nicht erneuerbar. Deshalb sucht die Energieforschung nach neuen Verfahren, die Sonnenenergie zu erschließen. Mittels Solarzellen können wir das Licht der Sonne in elektrische Energie umwandeln und zum Beispiel zur Beheizung von Wohnungen und Schwimmbädern und zum Antrieb von Raumsonden und Satelliten einsetzen.

Wie heiß ist die Sonne?

Die Sonne ist „unser“ Stern und ist etwa 150 Millionen Kilometer von uns entfernt. Ihr Licht braucht acht Minuten, um zu uns zu gelangen.

Ein stecknadelkopfgroßes Stück aus dem Kern der Sonne könnte einen Menschen aus 160 Kilometern Entfernung töten.

Die Sonne setzt sich aus mehreren Schichten zusammen, besteht aber vollständig aus extrem heißen Gasen. Sie ist mehr als 109mal größer als der Planet Erde.

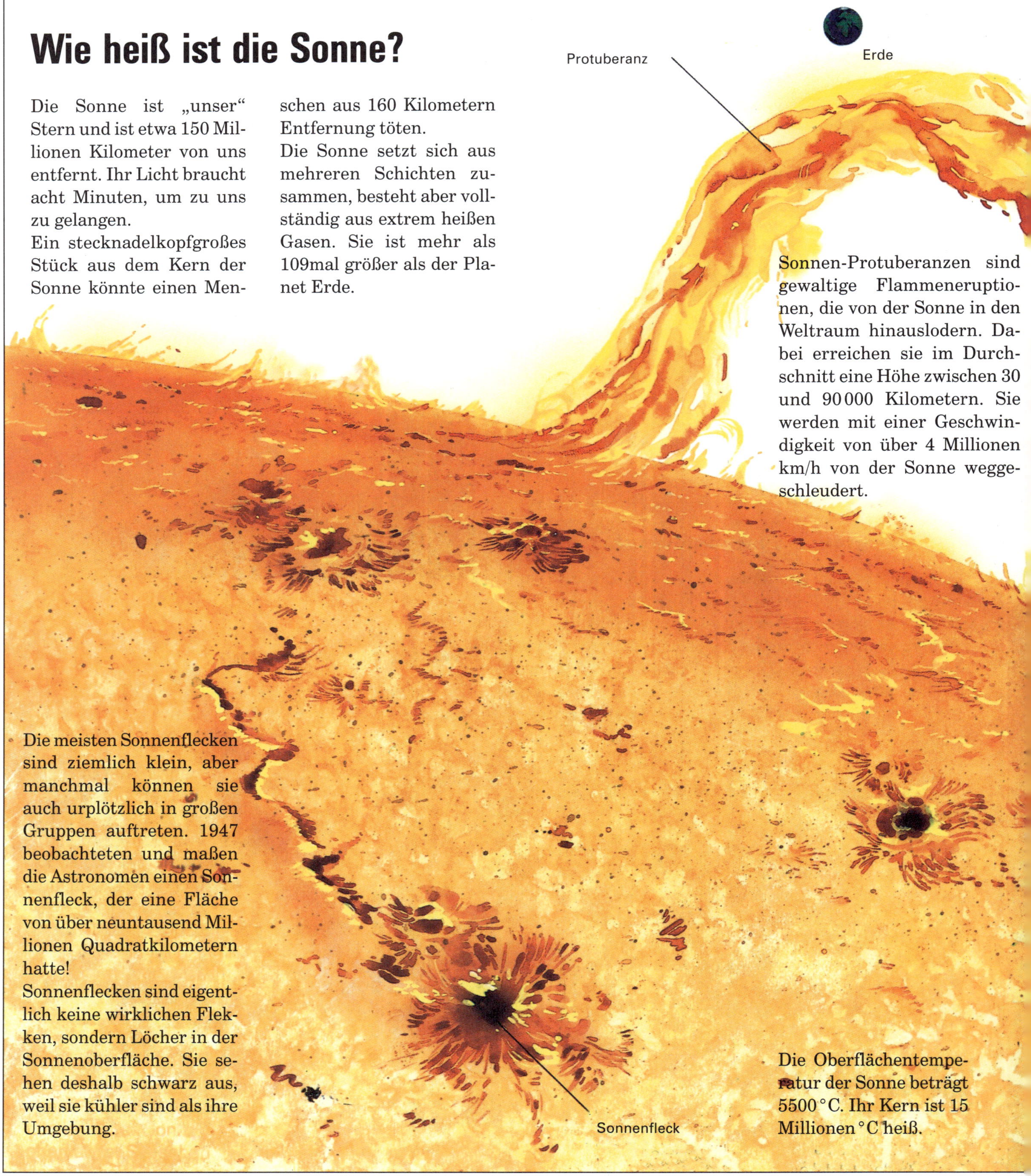

Sonnen-Protuberanzen sind gewaltige Flammeneruptionen, die von der Sonne in den Weltraum hinauslodern. Dabei erreichen sie im Durchschnitt eine Höhe zwischen 30 und 90 000 Kilometern. Sie werden mit einer Geschwindigkeit von über 4 Millionen km/h von der Sonne weggeschleudert.

Die meisten Sonnenflecken sind ziemlich klein, aber manchmal können sie auch urplötzlich in großen Gruppen auftreten. 1947 beobachteten und maßen die Astronomen einen Sonnenfleck, der eine Fläche von über neuntausend Millionen Quadratkilometern hatte!

Sonnenflecken sind eigentlich keine wirklichen Flekken, sondern Löcher in der Sonnenoberfläche. Sie sehen deshalb schwarz aus, weil sie kühler sind als ihre Umgebung.

Die Oberflächentemperatur der Sonne beträgt 5500 °C. Ihr Kern ist 15 Millionen °C heiß.

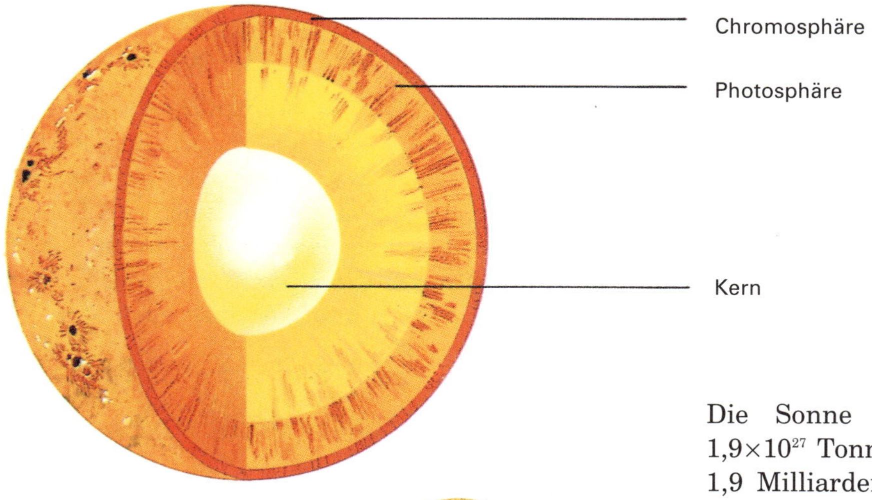

Eine Sonnen-Protuberanz schleudert Millionen Tonnen Sonnenmaterie in den Weltraum hinaus – genug, um damit die Erde in Brand zu setzen.

Eine Sonneneruption ist ein Ausbruch tödlicher Strahlung. Wenn ihre Energie die Erde erreicht, kann sie Radio- und Fernsehwellen stören und die Nordlichter hervorrufen.

Sonne

Die Sonne wiegt über $1{,}9 \times 10^{27}$ Tonnen, das sind 1,9 Milliarden Milliarden Tonnen (eine Milliarde sind tausend Millionen) – oder etwa soviel wie 333 000 Erden. Sie ist so hell wie $3{,}17 \times 10^{27}$ Kerzen.

Sonnenfinsternis

Eine totale Sonnenfinsternis läßt die Korona der Sonne sichtbar werden.

Wenn der Mond genau zwischen der Sonne und der Erde hindurchwandert, verschwindet die Sonne hinter der dunklen Mondscheibe, so daß nur noch die äußere Korona der Sonne sichtbar ist. Auf dieser äußeren Schicht ereignen sich gewaltige Sonneneruptionen, bei denen ungeheure Strahlungsmengen in den Weltraum hinausgeschleudert werden.

Planeten und Sonnensystem

Wonach sind die Planeten benannt?

Mit einer einzigen Ausnahme wurden alle Planeten nach Göttern und Göttinnen aus griechischen und römischen Sagen benannt. Jupiter, der größte Planet, wurde nach dem höchsten der römischen Götter benannt. Die einzige Ausnahme ist unser Planet – die Erde. Das liegt daran, daß man sich nach dem alten Weltbild vorstellte, daß die anderen Planeten im Himmel seien, so wie die Götter, und daß unser Planet Erde unter ihnen läge.

Was ist der Unterschied zwischen einem Planeten und einem Mond?

Ein Planet ist ein Himmelskörper, der um die Sonne kreist. Ein Mond ist ein kleinerer Himmelskörper, der sich um den Planeten dreht. Alle Planeten – bis auf zwei – haben Monde. Die Erde und Pluto haben nur einen, während Jupiter sechzehn hat. Merkur und Venus sind ohne Mond.

Was ist das Sonnensystem?

Das Sonnensystem besteht aus der Sonne und allen Körpern, die um sie herumkreisen: die Planeten und ihre Monde, die Asteroiden oder kleineren Planeten, die Meteoriten und Kometen. Alle bewegen sich auf eigenen Wegen oder Bahnen um die Sonne. Die Sonne hält mit ihrer Schwerkraft alle diese Körper zusammen, weil sie schwerer ist als die anderen.

Wie viele Planeten gibt es?

Die Sonne hat neun Planeten. Zuerst Merkur, der der Sonne am nächsten ist, dann Venus, Erde, Mars, Jupiter (der größte Planet), Saturn, Uranus, Neptun und Pluto. Mit Ausnahme von Pluto umrunden alle Planeten die Sonne in der gleichen Ebene. Wir wissen nicht, wie viele Planeten es im Universum gibt, denn mit ziemlicher Sicherheit haben andere Sterne auch Planeten wie die Sonne, obwohl wir sie nicht wahrnehmen können.

So bewegen sich die neun Planeten des Sonnensystems und ihre Monde um die Sonne.

Merkur Venus Erde Mars Jupiter Saturn

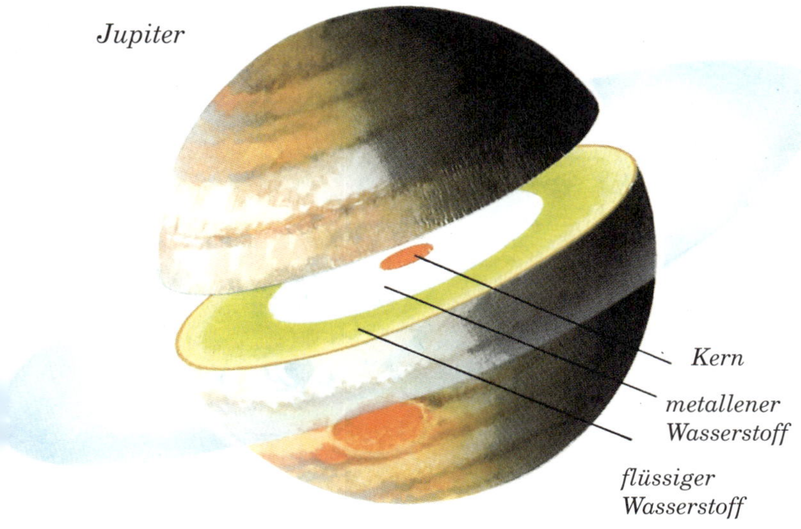

Welches ist der größte Planet?

Der größte Planet ist Jupiter. Sein Durchmesser beträgt 149000 Kilometer. Das ist mehr als 11mal der Erddurchmesser. Wäre der Jupiter hohl, würden mehr als 1300 Erdkugeln hineinpassen. Jupiter ist so schwer, daß er 2,5mal soviel wiegt wie die übrigen acht Planeten zusammen.

Uranus *Neptun* *Pluto*

Welches ist der kleinste Planet?

Der kleinste Planet ist Pluto. Sein Durchmesser beträgt 2200 Kilometer. Das sind etwa zwei Drittel der Größe unseres Mondes.

Pluto *Unser Mond*

Was ist der Unterschied zwischen einem Planeten und einem Stern?

Ein Stern ist ein riesiger Ball aus glühendem Gas – wie die Sonne. Ein Planet ist eine Welt wie die Erde. Sonne und Sterne produzieren ihr eigenes Licht. Die Planeten werden vom Sonnenlicht angestrahlt. Am Nachthimmel können wir Planeten nicht von Sternen unterscheiden. Sie alle sehen wie winzige Lichtpunkte aus, weil sie weit entfernt liegen. Trotzdem sind uns die Planeten näher als die Sterne. Durch ein starkes Teleskop ist zu erkennen, daß Planeten andere Welten sind. Die Sterne liegen so weit entfernt, daß sie auch noch durch das stärkste Teleskop wie kleine Lichtpunkte aussehen.

Wo endet das Sonnensystem?

Pluto, der entfernteste Planet, wird meistens am Rande des Sonnensystems vermutet. Seine Umlaufbahn liegt bei einer Durchschnittsentfernung von 5,9 Milliarden Kilometern zur Sonne. Das ist rund eine Million mal die Breite des Atlantiks zwischen Europa und den USA. Von einigen Kometen wird jedoch angenommen, daß sie bis auf halbem Wege zum nächstliegenden Stern wandern – eine Entfernung von etwa zwei Lichtjahren. Demnach hätte das Sonnensystem einen Durchmesser von vier Lichtjahren, also ungefähr 40 Billionen Kilometer.

Was ist eine Umlaufbahn?

Eine Umlaufbahn ist der Kreis oder die ovale Bahn, auf der sich etwas durch den Raum bewegt. Auf Umlaufbahnen kreisen Planeten um die Sonne und Monde um Planeten. Satelliten drehen sich um die Erde. Um in eine Erdumlaufbahn zu gelangen, muß ein Raumschiff über die Atmosphäre in den Weltraum fliegen und seine Geschwindigkeit auf mindestens 28000 Kilometer pro Stunde beschleunigen. Das sind nahezu 8 Kilometer pro Sekunde! Ein Raumschiff, das dieses Tempo nicht erreicht, fällt zurück auf die Erde.

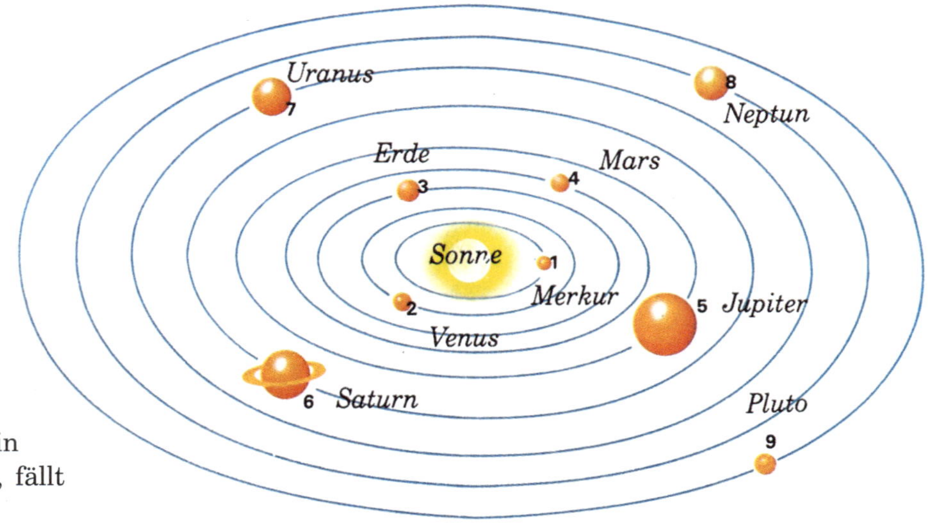

Saturn

Welche Planeten haben Ringe?

Ringe gibt es bei vier Planeten: Jupiter, Saturn, Uranus und Neptun. Diese Ringe sind feine Gürtel aus Gestein, die die Planeten umkreisen. Durch sie wird der Saturn zum schönsten Planeten am Himmel. Den Nachweis der Neptunringe verdanken wir den Aufnahmen, die die Raumsonde Voyager 2 von diesem Planeten machte, bevor sie 1990 das Sonnensystem verließ.

Was sind innere und äußere Planeten?

Die inneren Planeten sind die vier, die der Sonne am nächsten sind, also Merkur, Venus, Erde und Mars. Die fünf anderen Planeten – Jupiter, Saturn, Uranus, Neptun und Pluto – sind wesentlich weiter von der Sonne entfernt und werden äußere Planeten genannt.

Welcher Planet ist so heiß, daß Blei schmelzen würde?

Nicht Merkur, der der Sonne am nächsten steht, ist der heißeste Planet. Es ist Venus, der zweitnächste. Der Planet Venus hat – anders als Merkur – eine Atmosphäre. Sie funktioniert etwa wie die Fenster eines Gewächshauses: Sie heizt den Planeten auf. Die Temperatur liegt dort bei 475 °C, was heiß genug wäre, um verschiedene Metalle zu schmelzen, darunter Zinn, Blei und Zink.

Venus

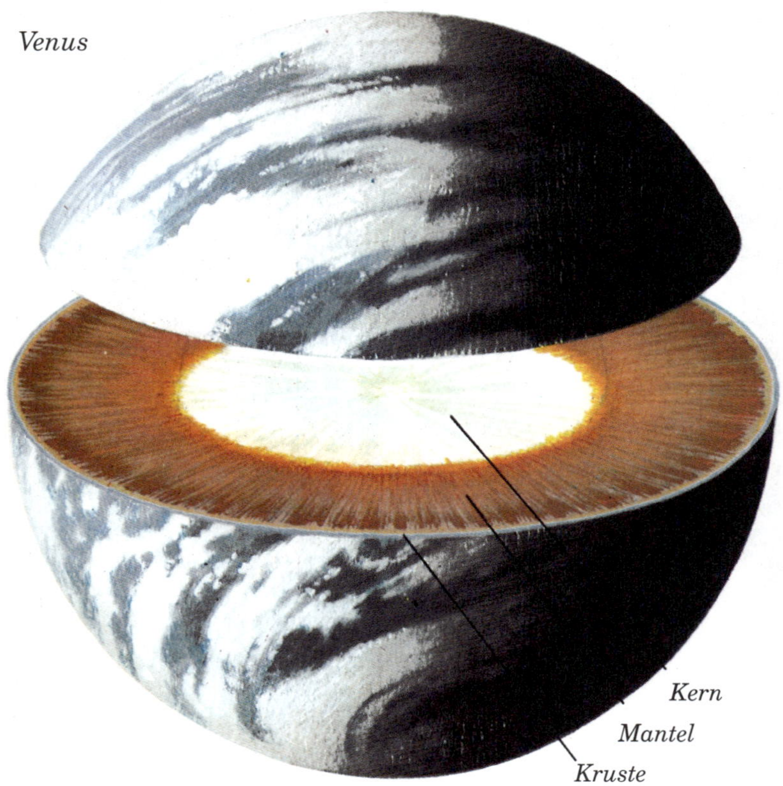

Welcher Planet ist der Sonne am nächsten?

Der Merkur, der nur knapp ein Drittel so groß ist wie die Erde, ist der sonnennächste Planet. Von der Erde aus ist er nur kurz vor Sonnenaufgang oder nach Sonnenuntergang am Himmel zu sehen, weil er so nah bei der Sonne steht und leicht von deren Helligkeit überstrahlt wird. Diese Nähe zur Sonne bewirkt, daß das Merkurjahr nur 88 Tage dauert. In dieser Zeit umkreist der Planet einmal die Sonne.

Mars

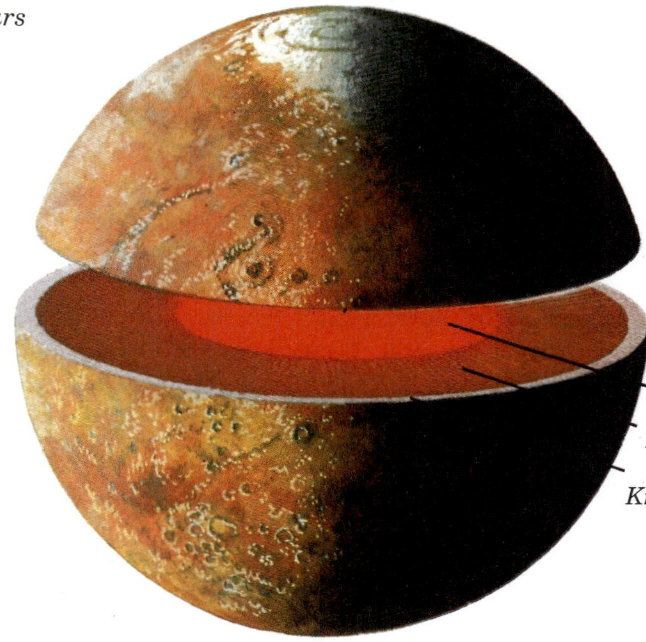

Merkur

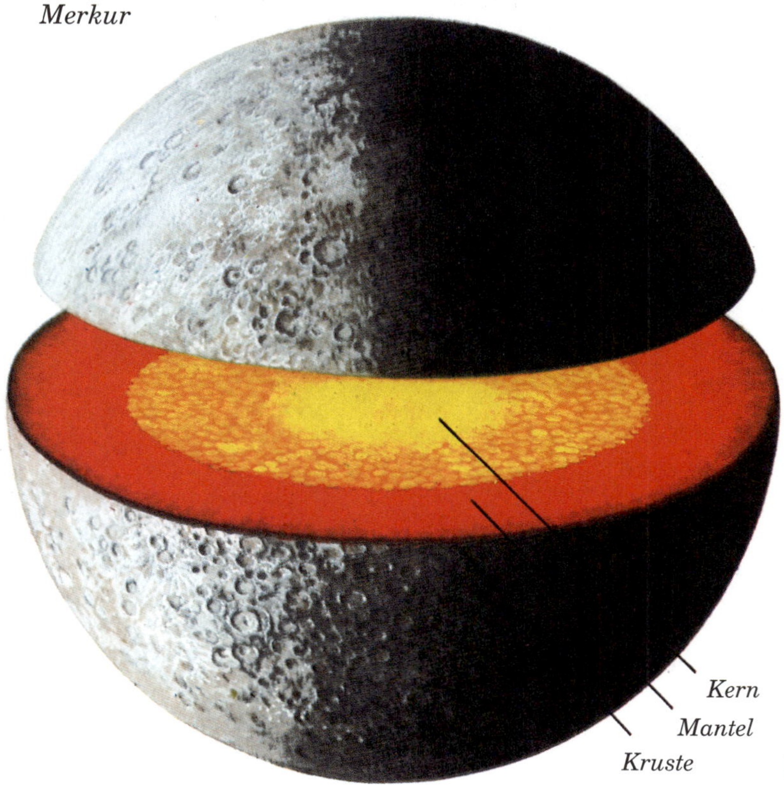

Welches ist der Rote Planet?

Der Rote Planet ist von der Sonne aus der vierte Planet: Mars. Wenn er sich der Erde nähert, leuchtet er wie ein heller roter Stern am Himmel. Die Oberfläche des Mars besteht aus roter Erde und rotem Gestein. Selbst sein Himmel ist rot, weil roter Staub durch die dünne Atmosphäre schwebt.

Welcher Planet dreht sich am schnellsten um die eigene Achse?

Der Planet, der sich am schnellsten dreht, ist zugleich der größte: Jupiter. Alle 9 Stunden und 50 Minuten dreht er sich einmal herum, 2½mal so schnell wie die Erde. Ein Punkt auf Jupiters Äquator dreht sich mit über 45 000 Stundenkilometern um das Zentrum des Planeten. Das ist so schnell, daß Jupiter in seiner Mitte bauchig wird.

Muß ein Planet größer sein als ein Mond?

Ein Mond ist immer kleiner als der Planet, um den er kreist. Ein kleiner, leichter Körper dreht sich immer um den größeren Körper, weil der die größere Masse hat. Trotzdem sind einige Monde ziemlich groß. Unser Mond und sechs andere Monde sind größer als der Planet Pluto, der Saturnmond Titan ist sogar größer als der Planet Merkur. Aber die großen Monde umkreisen auch besonders große Planeten.

Welcher Planet könnte schwimmen?

Wenn wir die Planeten in einen riesigen Ozean stecken könnten, würden die meisten sofort sinken. Einer jedoch würde schwimmen. Das ist Saturn, der zweitgrößte Planet im Sonnensystem. Da er überwiegend aus Gas und Flüssigkeit besteht, hat er weniger Dichte, ist leichter als Wasser und würde schwimmen. Alle anderen Planeten haben mehr Dichte und sind schwerer als Wasser.

Bewegen sich alle Planeten und Monde in dieselbe Richtung?

Das Sonnensystem ist wie ein riesiges Karussell. Alle Planeten bewegen sich in gleicher Richtung um die Sonne. Könnten wir vom Nordpol der Sonne herabschauen, würden wir sehen, daß alle Planeten gegen den Uhrzeigersinn um die Sonne kreisen. Trotzdem halten sich nicht alle Monde an diese Verkehrsregel. Die meisten Monde laufen gegen den Uhrzeigersinn um ihren Planeten, manche aber kreisen entgegengesetzt. Jupiters Monde gehen in beide Richtungen, aber sie stoßen nicht zusammen, denn sie bewegen sich auf verschiedenen Umlaufbahnen.

Gibt es irgendwelches Leben auf anderen Planeten?

Der Mond sowie die Planeten und ihre Monde haben keine Luft wie unsere Erde. Außerdem sind sie sehr heiß oder sehr kalt. Weder wir noch die Tiere und Pflanzen der Erde könnten dort leben. Auf dem Mond haben die Astronauten kein Leben gefunden, und auch die Viking-Weltraumsonden, die auf dem Mars landeten, fanden nichts dergleichen. Es ist unwahrscheinlich, aber nicht auszuschließen, daß anderswo im Sonnensystem noch irgendwelches Leben existiert.

Kein Lebewesen könnte die Hitze auf dem Merkur ertragen.

Gibt es Planeten jenseits von Pluto?

Astronomen glauben, daß es außerhalb von Pluto einen weiteren Planeten gibt. Sie haben ihn mit Teleskopen gesucht, doch der mysteriöse Planet blieb unentdeckt. Sofern er existiert, könnte er die Bahn von Weltraumsonden stören, die sich zwischen und jenseits der äußeren Planeten bewegen. Auf diese Weise werden die Astronomen den Planeten vielleicht entdecken.

Meteore schießen vom Nachthimmel herab.

Was ist der Unterschied zwischen einem Meteor, einem Meteoriten und einer Sternschnuppe?

Eine Sternschnuppe sieht aus wie ein Stern, der plötzlich vom nächtlichen Himmel fällt. Es dauert nur eine oder zwei Sekunden, bis sie erlischt. Aber es ist keineswegs ein Stern, sondern ein kleines Gesteinsteilchen, das aus dem Weltraum kommend die Atmosphäre streift. Es rast so schnell durch die Luft, daß es sich erhitzt und weißglühend wird, bevor es völlig verbrennt. Ein Gesteinsteilchen oder -partikel, das sich durch das All bewegt, nennt man Meteorit. Wenn es in der Atmosphäre verbrennt, ist es je nach Größe eine Sternschnuppe oder ein Meteor. Einige Meteoriten sind groß genug, ihren feurigen Absturz zu überleben, und treffen auf dem Erdboden auf.

Wo gibt es Meteoriten-Krater?

Meteoriten bilden Krater, wenn sie auf dem Boden aufprallen. Es gibt einen gewaltigen Meteoriten-Krater in Arizona/USA. Er hat einen Durchmesser von 1265 Metern und ist vor 25000 Jahren entstanden. Auf der Erde füllen sich die meisten Meteoriten-Krater auf und verschwinden. Der Mond, Merkur, der Mars und seine Monde und die meisten Monde des Jupiter sind übersät mit Meteoriten-Kratern.

Der Barringer-Krater in Arizona.

Können Meteoriten Menschen töten?

Soweit man weiß, ist niemals jemand wegen eines fallenden Meteoriten ums Leben gekommen. Meteoriten sind so selten und weit voneinander entfernt, daß das Risiko, von einem getroffen zu werden, sehr gering ist. Nur der Einschlag eines sehr großen Meteoriten könnte Menschen gefährden.

Was ist ein Komet?

Man nimmt an, daß ein Komet aus kleinen Steinen und Staubpartikeln besteht, die durch gefrorenes Gas und Eis zusammengehalten werden. Er umkreist die Sonne und scheint wie der Mond am Himmel zu stehen. Obwohl es aussieht, als käme er nicht sehr schnell voran, bewegt er sich doch fast so schnell um die Sonne wie ein Planet.

Sind Kometen gefährlich?

Wir haben wenig Grund, Kometen zu fürchten. Die Erde hat sogar einmal den Schweif des Halleyschen Kometen ohne böse Folgen durchquert. Nur ein direkter Zusammenstoß mit einem Kometenkern wäre gefährlich.

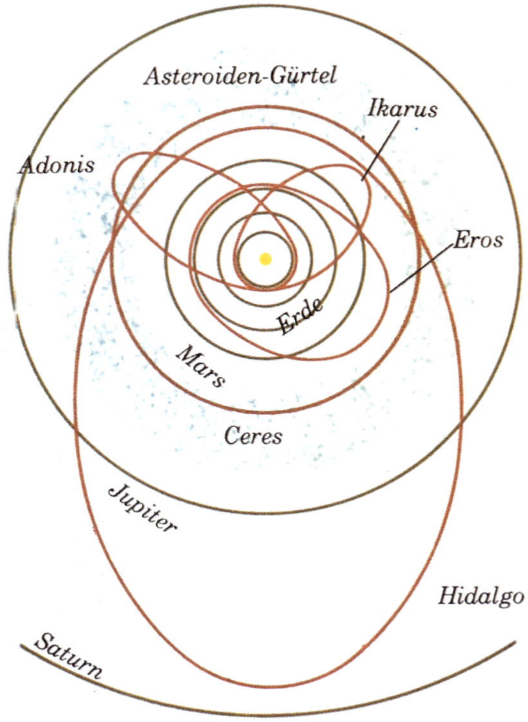

Die Umlaufbahnen von fünf der größeren Asteroiden: Ceres, Ikarus, Eros, Adonis und Hidalgo.

Wo findet man Asteroiden?

Asteroiden sind kleine Himmelskörper, die wie Planeten um die Sonne kreisen. Man nennt sie auch kleine Planeten. Der größte, Ceres, hat 1000 Kilometer Durchmesser. Es gibt Tausende von Asteroiden, meistens mit nur wenigen Kilometern Durchmesser. Sie liegen in einem breiten Gürtel zwischen Mars und Jupiter um die Sonne herum.

Die Umlaufbahn des Halleyschen Kometen.

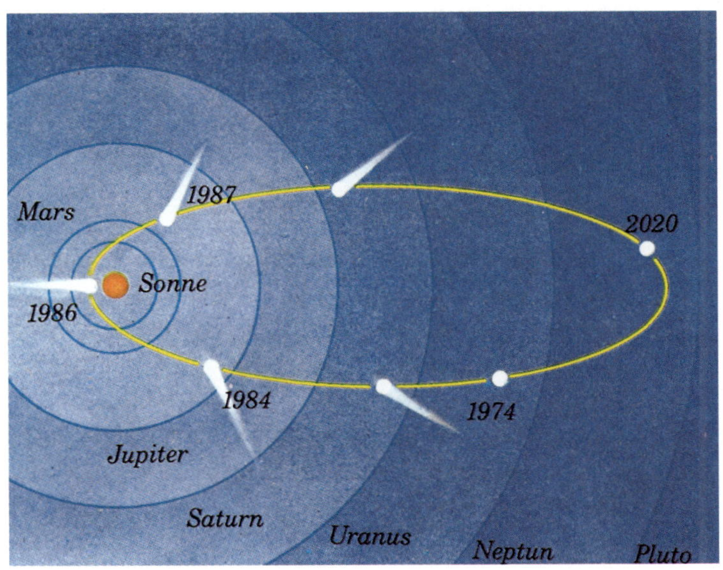

Welches ist der größte Planet?

Sonne

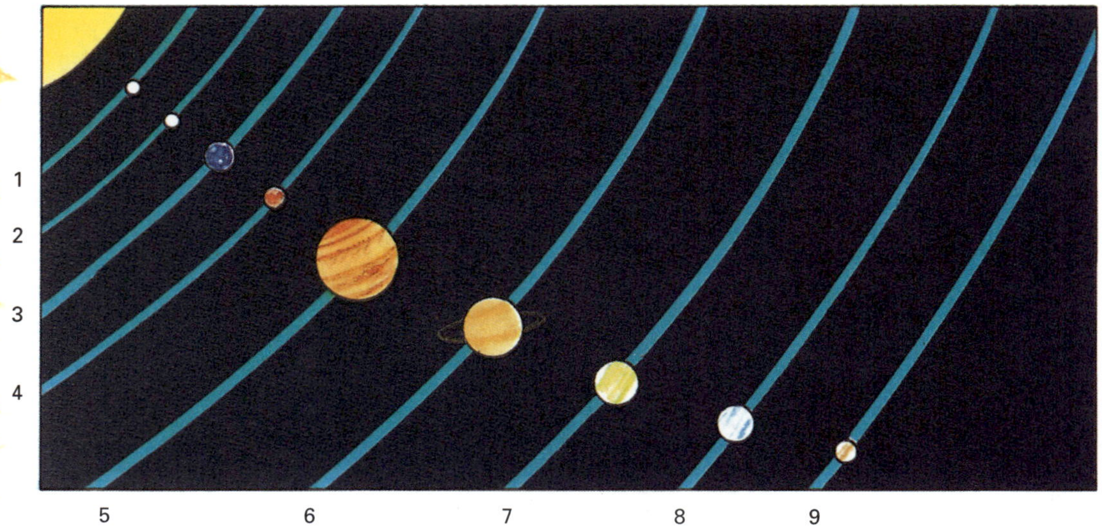

1 Merkur
2 Venus
3 Erde
4 Mars
5 Jupiter
6 Saturn
7 Uranus
8 Neptun
9 Pluto

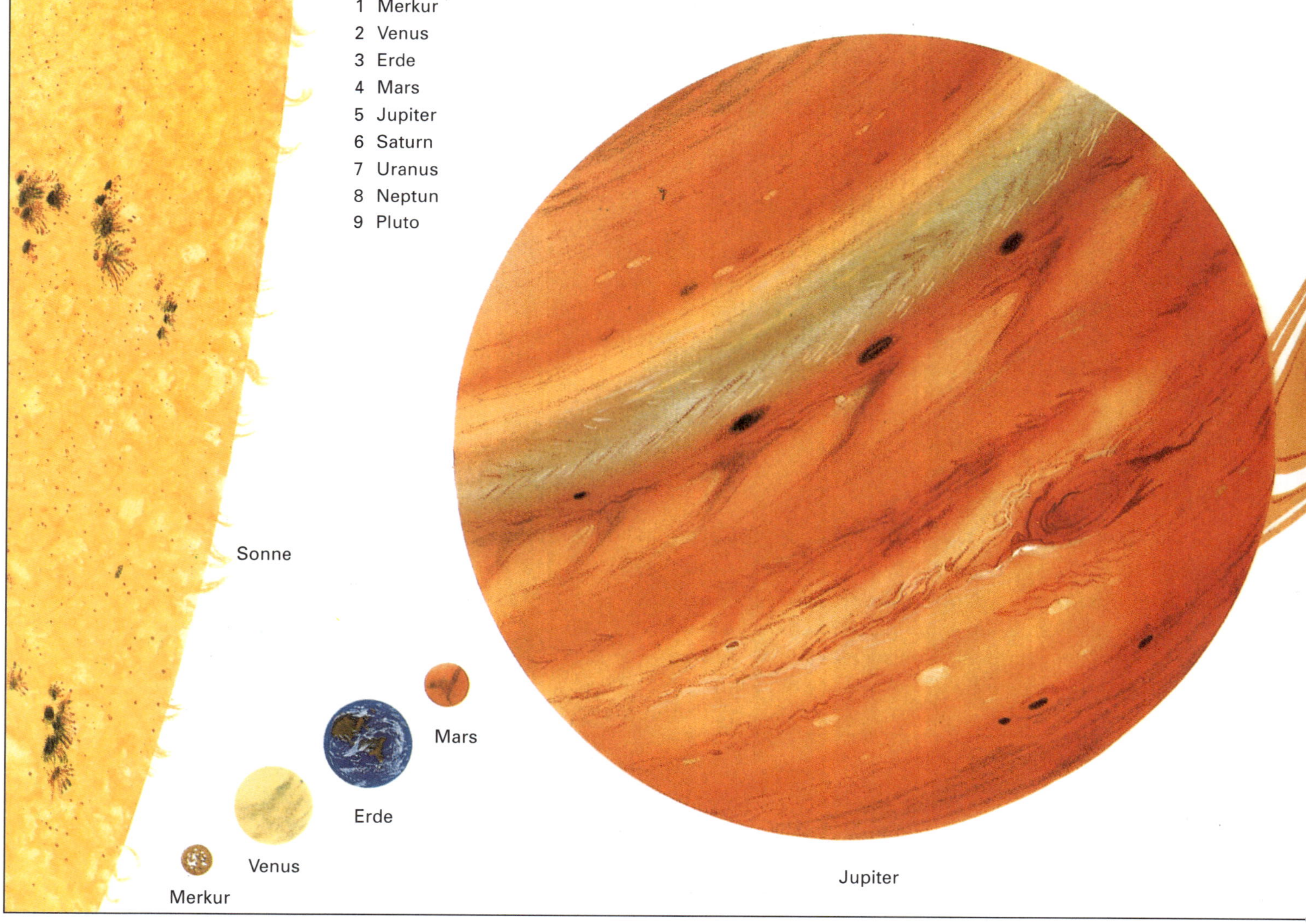

Saturn

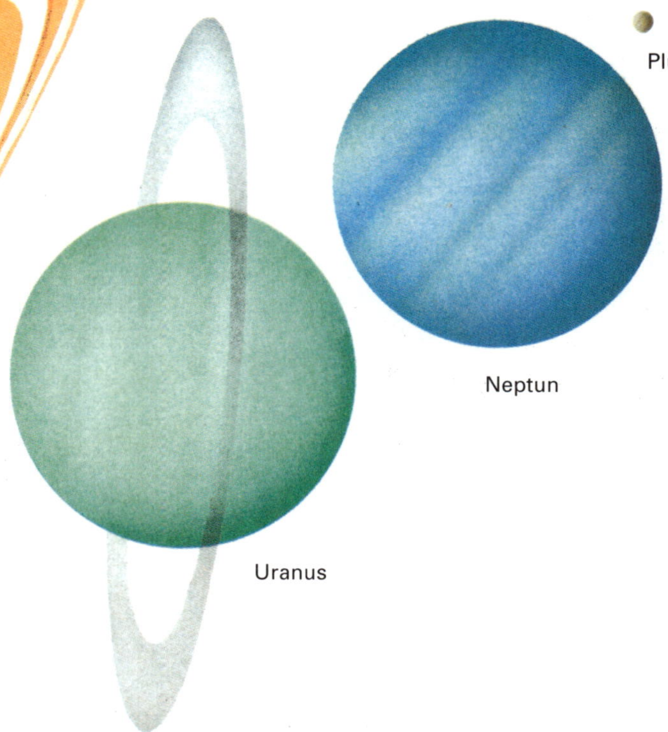

Pluto

Neptun

Uranus

Anmerkung:

„Taglänge“ entspricht der Zeit, die der Planet braucht, um sich einmal vollständig um die eigene Achse zu drehen.

Merkur

Durchmesser	4878 km
Größe im Vergleich zur Erde	0,4×
Dauer eines Jahres	88 Tage
Taglänge	58 Tage, 16 Stunden
Entfernung von der Sonne	57,9 Millionen km
Monde	keine

Venus

Durchmesser	12 104 km
Größe im Vergleich zur Erde	0,95×
Dauer eines Jahres	224,7 Tage
Taglänge	243 Tage (rückläufig)
Entfernung von der Sonne	108 Millionen km
Monde	keine

Erde

Durchmesser	12 756 km
Dauer eines Jahres	356,25 Tage
Taglänge	23 Stunden, 56 Minuten
Entfernung von der Sonne	150 Millionen km
Monde	einer

Mars

Durchmesser	6794 km
Größe im Vergleich zur Erde	0,5×
Dauer eines Jahres	687 Tage
Taglänge	24 Stunden, 37 Minuten
Entfernung von der Sonne	228 Millionen km
Monde	zwei

Jupiter

Durchmesser	142 984 km
Größe im Vergleich zur Erde	11×
Dauer eines Jahres	11,86 Jahre
Taglänge	9 Stunden, 50 Minuten
Entfernung von der Sonne	778 Millionen km
Monde	sechzehn

Saturn

Durchmesser	120 536 km
Größe im Vergleich zur Erde	9×
Dauer eines Jahres	29,46 Jahre
Taglänge	10 Stunden, 14 Minuten
Entfernung von der Sonne	1427 Millionen km
Monde	dreiundzwanzig

Uranus

Durchmesser	51 118 km
Größe im Vergleich zur Erde	4×
Dauer eines Jahres	84 Jahre
Taglänge	17 Stunden, 12 Minuten
Entfernung von der Sonne	2870 Millionen km
Monde	fünfzehn

Neptun

Durchmesser	49 528 km
Größe im Vergleich zur Erde	3,8×
Dauer eines Jahres	164,8 Tage
Taglänge	16 Stunden, 6 Minuten
Entfernung von der Sonne	4497 Millionen km
Monde	acht

Pluto

Durchmesser	2246 km
Größe im Vergleich zur Erde	0,18×
Dauer eines Jahres	248 Jahre
Taglänge	6 Tage, 9 Stunden
Entfernung von der Sonne	5900 Millionen km
Monde	einer

Merkur

Merkur besitzt einen großen Eisenkern, der einen Durchmesser von 3600 Kilometern hat und damit ungefähr so groß ist wie der Mond.

Merkur

Merkur ist ein kleiner Planet; mit seinem Äquatorialdurchmesser von 4878 Kilometern ist er nur knapp ein Drittel so groß wie die Erde und sogar noch kleiner als der Jupiter-Mond Ganymed!
Wir auf der Erde sehen Merkur als einen hellen „Stern“, der jeweils nur kurze Zeit vor Sonnenaufgang oder nach Sonnenuntergang am Himmel sichtbar ist. Er ist deshalb so schwer zu sehen, weil er nahe bei der Sonne steht und leicht von deren Helligkeit überstrahlt wird. Gewöhnlich erkennt man Merkur als einen flackernden Stern nahe am Horizont.

Mariner 10 war 45,5 Zentimeter hoch und etwa 1,2 Meter breit. In der Sonde waren Instrumente eingebaut, mit denen die Intensität der magnetischen Energie gemessen werden konnte, und Teleskope, die ultraviolette Strahlung „sehen“ konnten.

Mariner 10 ist auch an der Venus vorbeigeflogen, aber ihre aufregendste Entdeckung war die kraterübersäte, unwirtliche Welt des Merkur. Sie schoß über 8000 Fotos davon.

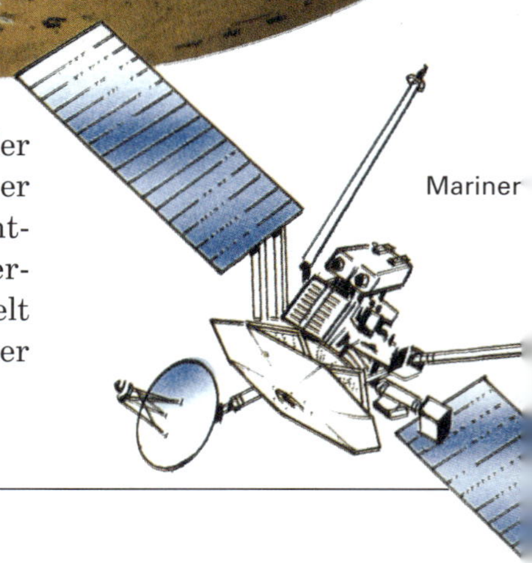

Mariner

Da Merkur viel näher bei der Sonne steht als die Erde, erscheint die Sonne vom Merkur aus gesehen mehr als doppelt so groß. Aus der Ferne gesehen ähnelt Merkur unserem Mond – eine dunkelgraue leblose Kugel aus Stein, über und über bedeckt von Kratern und Bergen. Wie beim Mond erkennt man auch beim Merkur jüngere Krater daran, daß sie das Zentrum eines hellen Strahlenkranzes bilden.

Das Caloris-Becken ist mit 1300 Kilometern Durchmesser die größte Formation auf der Merkur-Oberfläche. Es entstand, als vor vielen Millionen Jahren ein Objekt von 100 Kilometern Durchmesser mit einer Geschwindigkeit von 512 000 km/h auf dem Planeten einschlug. Dabei floß geschmolzenes Material aus der aufgerissenen Merkur-Oberfläche und bildete konzentrische Ringe. Heute sieht das Becken wie ein Bullauge aus.

Entstehung des Caloris-Beckens

Venus

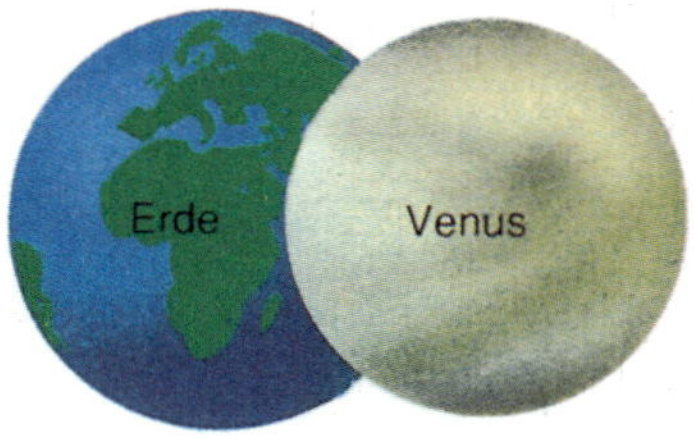

Die Venus hat einen Äquatorialdurchmesser von 12104 Kilometern, nur 652 Kilometer weniger als die Erde.

Die Venus, die nach der römischen Liebesgöttin benannt ist, ähnelt einem blau-weißen Stern. Sie ist nur jeweils eine Stunde vor Sonnenaufgang und nach Sonnenuntergang sichtbar, da ihre Umlaufbahn so nahe bei der Sonne verläuft. Aufgrund der dichten Atmosphäre der Venus können wir ihre Oberfläche nicht direkt sehen.

Erde

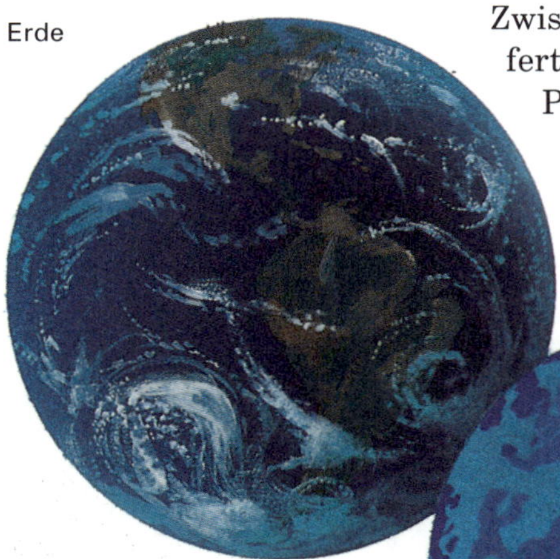

Zwischen 1978 und 1980 fertigte die amerikanische Pioneer-Venus-Raumsonde eine Karte der Venus an, indem sie fast 98 % ihrer Oberfläche mit Radar abtastete.

Radarkarte der Venus

Die erste Sonde, die Daten von der Venusoberfläche zur Erde übertragen hat, war im Dezember 1970 die sowjetische Venera 7. Sie funktionierte aber nur 23 Minuten.

Die Venus ähnelt einer gewaltigen Kugel aus gelb-grauem Rauch ohne Oberflächenformationen. Sie besitzt eine dichte, undurchsichtige Atmosphäre aus Kohlendioxidwolken und -gas. Das einzige, was innerhalb dieser Atmosphäre sichtbar ist, sind verschwommene y-förmige Gebilde, die sich um den Planeten drehen. Die Venus sieht deshalb so ungewöhnlich aus, weil sie sich von Westen nach Osten dreht, also genau andersherum als die Erde. Deshalb geht auf der Venus die Sonne im Westen auf und im Osten unter.

Unter den orangefarbenen Wolken der Venus verbirgt sich eine Welt aus geschmolzenem, schimmerndem Gestein und stürmischen Winden. Ihre Oberflächentemperatur beträgt beinahe 500 °C und ist damit höher als die des Merkur. Diese Temperatur ist tödlich.

Die Atmosphäre ist so dicht, daß auf der Oberfläche der Venus ein ebenso hoher Druck herrscht wie auf der Erde am Meeresboden, nämlich 90 mal so hoch wie der irdische Luftdruck. Keine Raumsonde kann diesem hohen Druck und den hohen Temperaturen auf der Planetenoberfläche längere Zeit standhalten. Die schwefelhaltige Atmosphäre erzeugt einen tödlichen Schwefelsäureregen.

Magellan

Die Magellan-Sonde, die 1989 gestartet wurde, hat mehrere Jahre lang die Oberfläche der Venus mit Radar abgetastet. Dadurch konnten sehr genaue Karten gezeichnet werden. Es gibt Ebenen aus Lava, Dünen, Vulkane, andere Berge bis zu 10 km Höhe und Einschlagkrater auf der Venus.

Magellan-Sonde

Mars

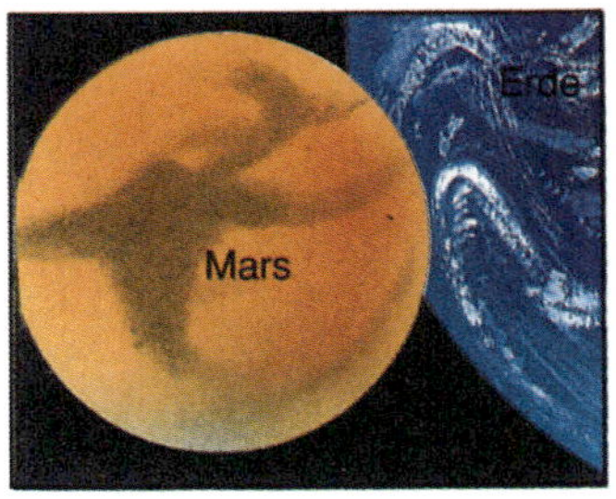

Mars ist ein kleiner Planet; mit seinem Äquatorialdurchmesser von 6794 Kilometern ist er nur etwa halb so groß wie die Erde. Da es auf dem Mars jedoch keine Ozeane gibt, besitzt er genausoviel Landfläche wie unser eigener Planet.

Bei früheren Marsbeobachtungen mit Teleskopen waren lediglich einige wenige dunkle Oberflächenstrukturen auf seiner orangefarbenen Kugel sichtbar. Das lag zum Teil daran, daß damals die Teleskope noch nicht so gut waren, und zum Teil daran, daß die Atmosphäre des Planeten den Blick auf interessante Einzelheiten an der Marsoberfläche verhüllt. Mit Hilfe moderner Teleskope kann man schon mehr erkennen, so zum Beispiel die Polarkappen. Einige Astronomen – allen voran Percival Lowell – behaupteten, sie hätten an der Marsoberfläche Dutzende gerader Linien entdeckt, die nach ihrer Meinung nur Bewässerungskanäle sein konnten.

Als dann jedoch 1964 die Raumsonde Mariner 4 die ersten Fotos vom Mars schoß, zeigten diese, daß es keine Kanäle gibt. Vielmehr stellte sich heraus, daß der Mars eine tote, wüste Welt ist, die aus Kratern, Tälern, Staubdünen und erloschenen Vulkanen besteht. Auf Farbfotos von späteren Sonden sieht der Planet wie eine pockennarbige Orange mit einigen wenigen silbrigen Wolken und strahlendweißen Polarkappen aus.

Das riesige „Valles Marineris“ oder „Mariner-Tal“ wurde 1971/72 von Mariner 9 entdeckt.

smonde

Phobos

Phobos umkreist den Mars in einer Höhe von nur 5982 Kilometern. Vom Mars aus erscheint Phobos halb so groß wie unser Mond von der Erde aus gesehen und strahlt so hell wie die Venus.

Deimos

Deimos ist über 23 000 Kilometer vom Mars entfernt und sieht von dort wie ein sehr heller Stern aus.

Viking Landekapseln

Viking 1 wurde am 20. August 1975 gestartet und brauchte zehn Monate bis zum Mars. Die nur einen Monat später gestartete Sonde Viking 2 kam erst drei Monate nach Viking 1 an. Während die Orbiter um den Planeten kreisten und Fotos schossen, stiegen die Landekapseln zur Planetenoberfläche hinab. Ihre Fotos zeigen die Marsoberfläche als eine steinige Wüste – so weit das Auge reicht mit gezackten Gesteinstrümmern bedeckt.

Viking-Sonde

Bei der Untersuchung eines 1976 von einem Viking 1 Orbiter geschossenen Fotos entdeckte man darauf etwas, das wie ein menschliches Gesicht mit Augen, Nase, Mund und einer „ägyptischen“ Frisur aussah. In Wirklichkeit ist das „Gesicht“ jedoch nichts weiter als eine Mesa, d.h. ein Tafelberg.

Olympus-Gebirge

Wegen ihrer Größe vermuten die Astronomen, daß es sich bei den Marsmonden um eingefangene Asteroiden handelt.

Man hatte erwartet, daß es auf dem Mars heiß sein würde, fand dann aber heraus, daß es auf ihm sehr kalt und trocken ist, und daß auf dem Planeten eine Durchschnittstemperatur von – 23 °C herrscht.

Jupiter

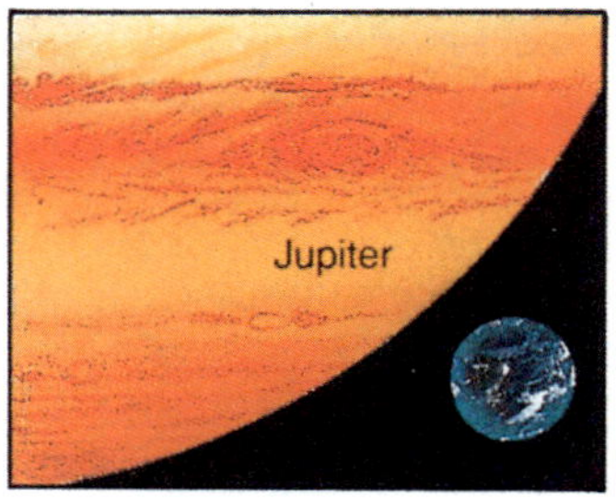

Jupiter ist der größte Planet im Sonnensystem. Mit seinem Äquatorialdurchmesser von 142 984 Kilometern ist er mehr als elfmal größer als die Erde.

Am Nachthimmel erscheint Jupiter als ein heller, blauweißer Stern; durch ein Teleskop sieht er aus wie eine gelblich-weiße Scheibe mit mehreren horizontalen Gürteln aus dunklen Wolken. Ginge man noch näher an Jupiter heran, würde man erkennen, daß die aufgeblähte orangebraune Scheibe des Planeten mit Dutzenden von verschiedenfarbigen, sich bewegenden Wolkengürteln gemasert ist.

Nimmt man für die Erde ein Fünf-Pfennig-Stück, dann ist der Jupiter daneben so groß wie ein Kuchenteller.

Die vier größten und wichtigsten Monde des Jupiter wurden 1610 von Galilei entdeckt und werden nach ihm die Galileischen Monde genannt. Sie heißen Ganymed, Io, Callisto und Europa und sind ungefähr so groß wie unser Mond.

Unser Mond

Ganymed

Callisto

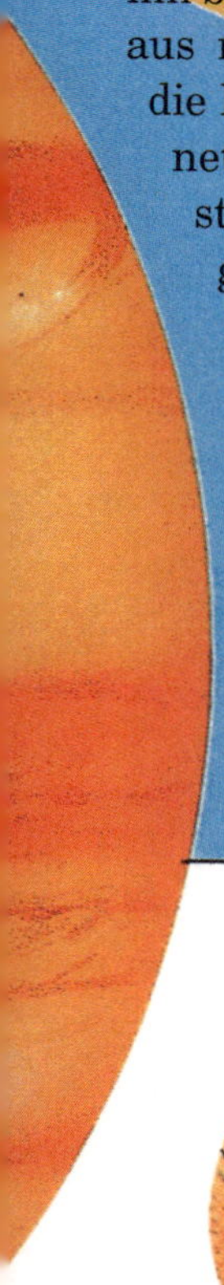

Voyager 1 entdeckte einen schwachen, sehr dünnen und völlig unerwarteten Ring um den Jupiter. Man hatte ihn bisher von der Erde aus nicht gesehen, da die Helligkeit des Planeten ihn überstrahlt hatte. Das gesamte Ringsystem ist etwa 5920 Kilometer breit und nur einen Kilometer dick.

Der Jupiter hat keine feste Oberfläche, auf der Astronauten landen können. Die Astronomen nennen einen solchen Stern „Gasriese“, da er völlig aus verschiedenen Gasen besteht.

Die Oberfläche, die wir von der Umlaufbahn aus sehen können, ist nur die oberste Schicht der Atmosphäre des Planeten. Unter den wandernden Wolken verbirgt sich ein riesiger Ozean und darunter ein dichter Kern, der ungefähr so groß ist wie die Erde. Die Wolken bestehen aus Gasen: Wasserstoff, Helium, Methan und Ammoniak.

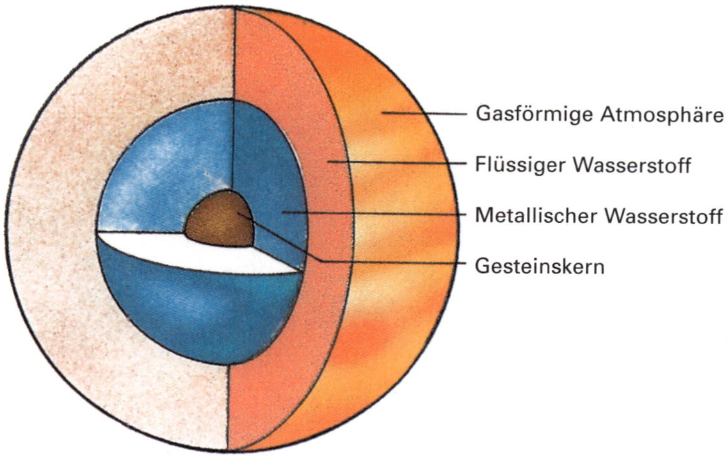

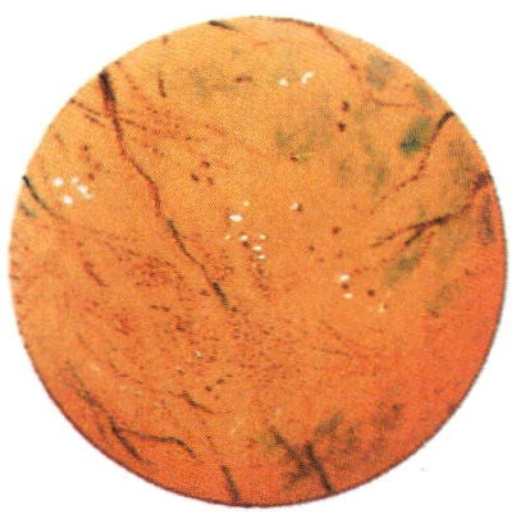

Europa

Io

Der Große Rote Fleck

Der Große Rote Fleck

Das faszinierendste Merkmal des Jupiters ist der Große Rote Fleck, der von Astronomen seit Jahrhunderten beobachtet wird. Erst durch die Voyager-Raumsonden wissen wir, daß es sich dabei um einen riesigen Wirbelsturm handelt, der mehr als dreimal so groß ist wie die Erde!

Saturn

Der Saturn ist der zweitgrößte Planet in unserem Sonnensystem und hat einen Äquatorialdurchmesser von 120 536 Kilometern. Er ist mehr als neunmal größer als die Erde!

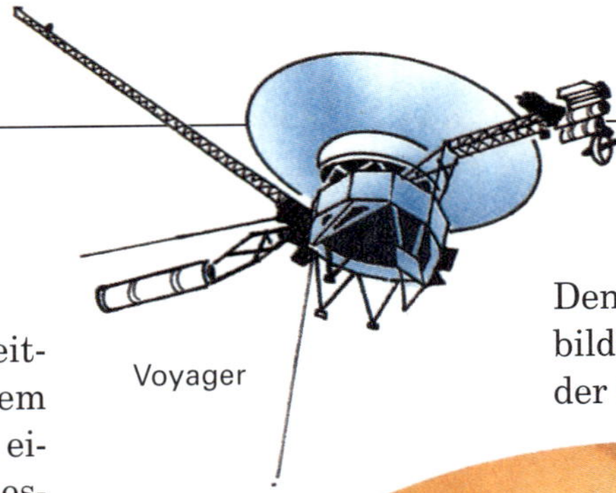

Voyager

Den Mittelpunkt des Saturn bildet ein Gesteinskern von der Größe der Erde.

Im Sonnensystem hat der Saturn mit mehr als 20 Monden wohl die meisten Begleiter, darunter Titan, den einzigen Mond mit einer dichten Atmosphäre. Vier Monde haben wir abgebildet. Dem Saturn am nächsten ist der Mond Mimas, eine nur 390 Kilometer dicke Eiskugel, die den Planeten in einer Entfernung von 185 600 Kilometern umkreist.
Der Mond Dione ist 377 500 Kilometer vom Saturn entfernt. Mit einem Durchmesser von 1120 Kilometern hat er nur ein Drittel der Größe unseres Mondes.

Tethys hat einen Äquatorialdurchmesser von über 1000 Kilometern und umkreist seinen Mutterplaneten in einer Entfernung von 294 700 Kilometern. Noch ein wenig weiter entfernt ist der Mond Enceladus. Er ist 110 Kilometer größer als der Mond Mimas und umkreist den Saturn in einer Entfernung von 238 000 Kilometern.

Unter der Atmosphäre hüllt ein Ozean aus molekularem flüssigem Wasserstoff eine Schale aus metallischem Wasserstoff ein.

Unser Mond

Dione

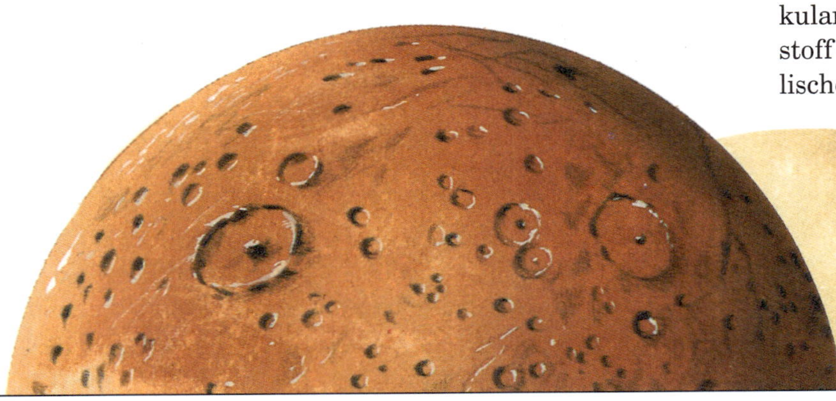

Tethys

Wie der Jupiter ist auch der Saturn ein Gasriese, dessen Scheibe an den Polen deutlich abgeflacht ist, so daß der Planet einem zusammengedrückten Tennisball ähnelt. Von der Erde aus sind nur sechs Saturnringe zu sehen. Die Voyager-Sonde fand heraus, daß die Ringe aus vielen Tausenden, wenn nicht sogar Millionen sehr dünner Ringe bestehen.

Da die Umlaufbahn des Saturn im Vergleich zur Umlaufbahn der Erde leicht geneigt ist, sehen wir die Saturnringe nicht immer gleich. Eine Zeitlang sieht es für uns so aus, als würden die Saturnringe immer breiter werden, bis sie ganz offen sind (A-C). Dann wieder scheinen sie schmaler zu werden, bis sie verschwinden (D-E). Dieser Kreislauf wiederholt sich immer wieder (F-I) und dauert ungefähr 14 Jahre.

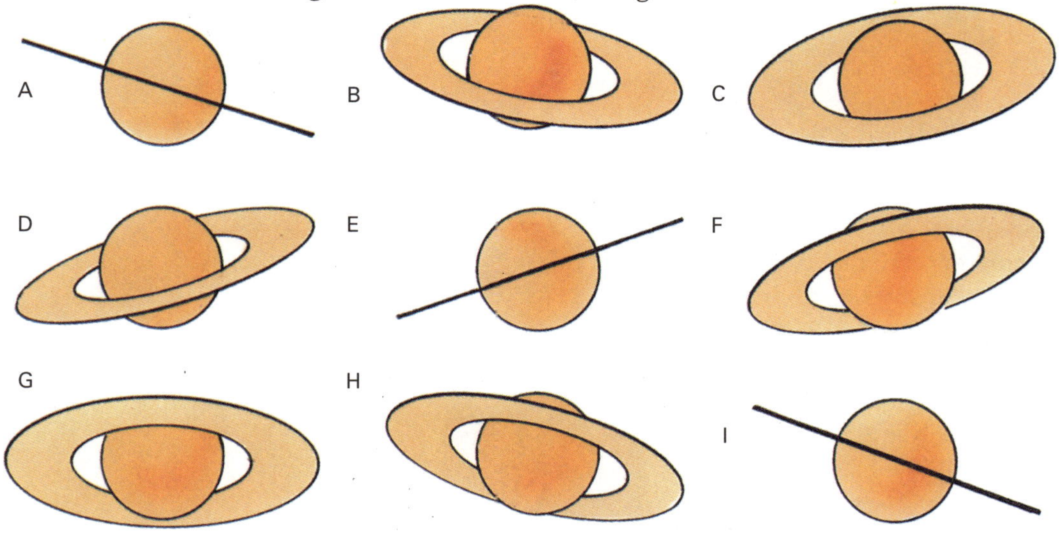

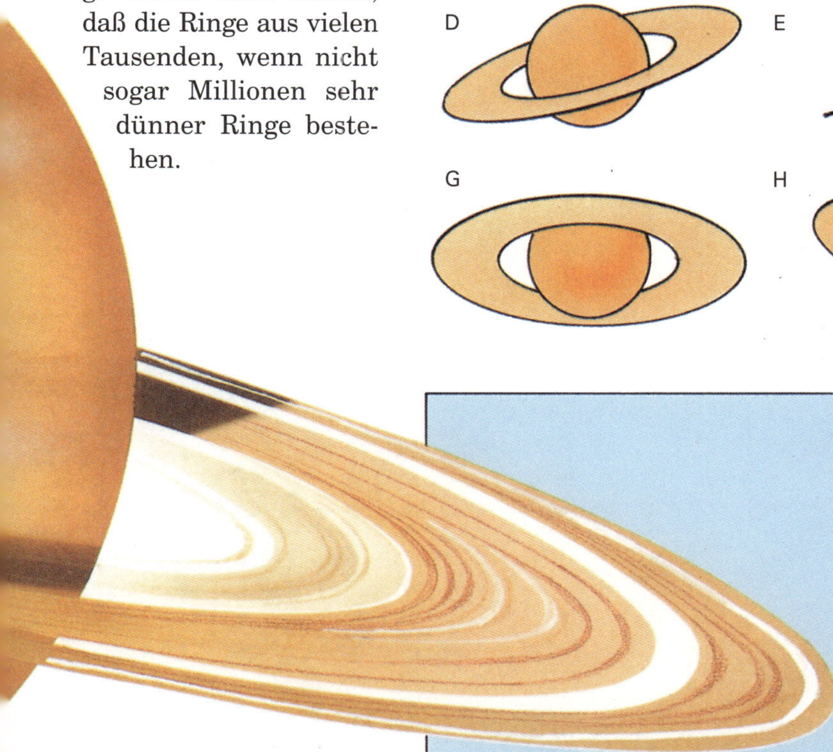

Die Saturnringe

Die Saturnringe sind nicht fest, sondern ähneln mehr einem Schneesturm, der sich um den Äquator des Planeten dreht. Die Ringe bestehen aus unterschiedlich großen Gesteins- und Eisbrocken. Es gibt Abertausende von Ringen, von denen jeder aus Milliarden derartiger Brocken besteht, die den Planeten wie Minimonde umkreisen. Die eindrucksvollen Ringe sind aus der Nähe betrachtet gar nicht so großartig; sie sind vielmehr nur etwa einen Kilometer dick.

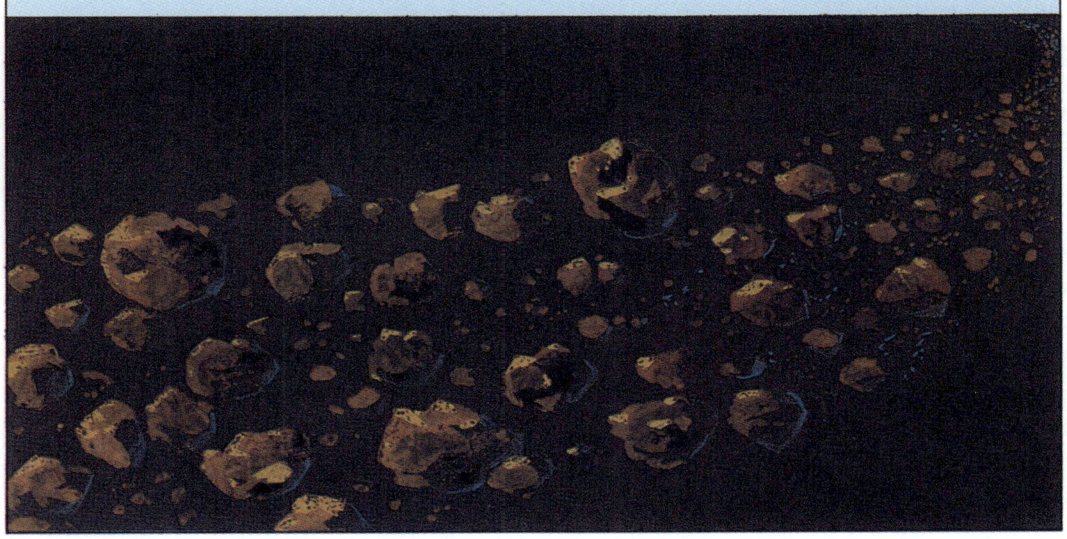

Mimas

Enceladus

Uranus

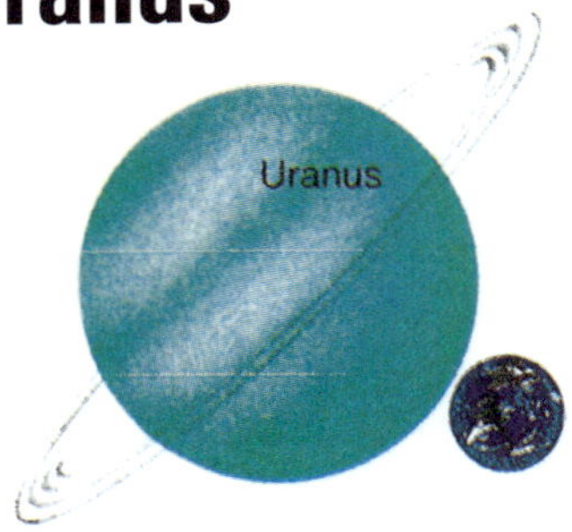

Erde

Uranus ist 2870 Millionen Kilometer von der Sonne entfernt. Er hat einen Durchmesser von 51118 Kilometern – und ist damit viermal so groß wie die Erde, aber halb so groß wie der Saturn.
Der Uranus ist so weit von uns entfernt, daß er am Nachthimmel nur als schwacher Punkt zu erkennen ist. Durch ein Teleskop sieht er wie eine winzige, verschwommene grüne Scheibe aus, auf der nur ganz undeutlich Oberflächenstrukturen zu erkennen sind.
Durch Voyager 2 wissen wir, daß der Uranus deshalb grün aussieht, weil seine Atmosphäre, die zum Großteil aus Wasserstoff und Helium besteht, Methangas enthält. Da Methan rotes Licht absorbiert, hat das vom Planeten abgestrahlte Licht eine blau-grüne Farbe. Voyager 2 entdeckte auch, daß die Atmosphäre des Uranus unter einer dicken Dunstdecke verborgen ist, ebenso wie der Saturnmond Titan.
Die einzigen atmosphärischen Erscheinungen, die man fand, waren einige wenige Wolkengürtel und einige sich schnell bewegende Wolkenfetzen in großer Höhe.

Uranus ist zur Seite geneigt, so daß er sich nicht um seine Pole dreht, sondern wie ein auf der Seite liegendes Faß um die Sonne „rollt“.

Saturn

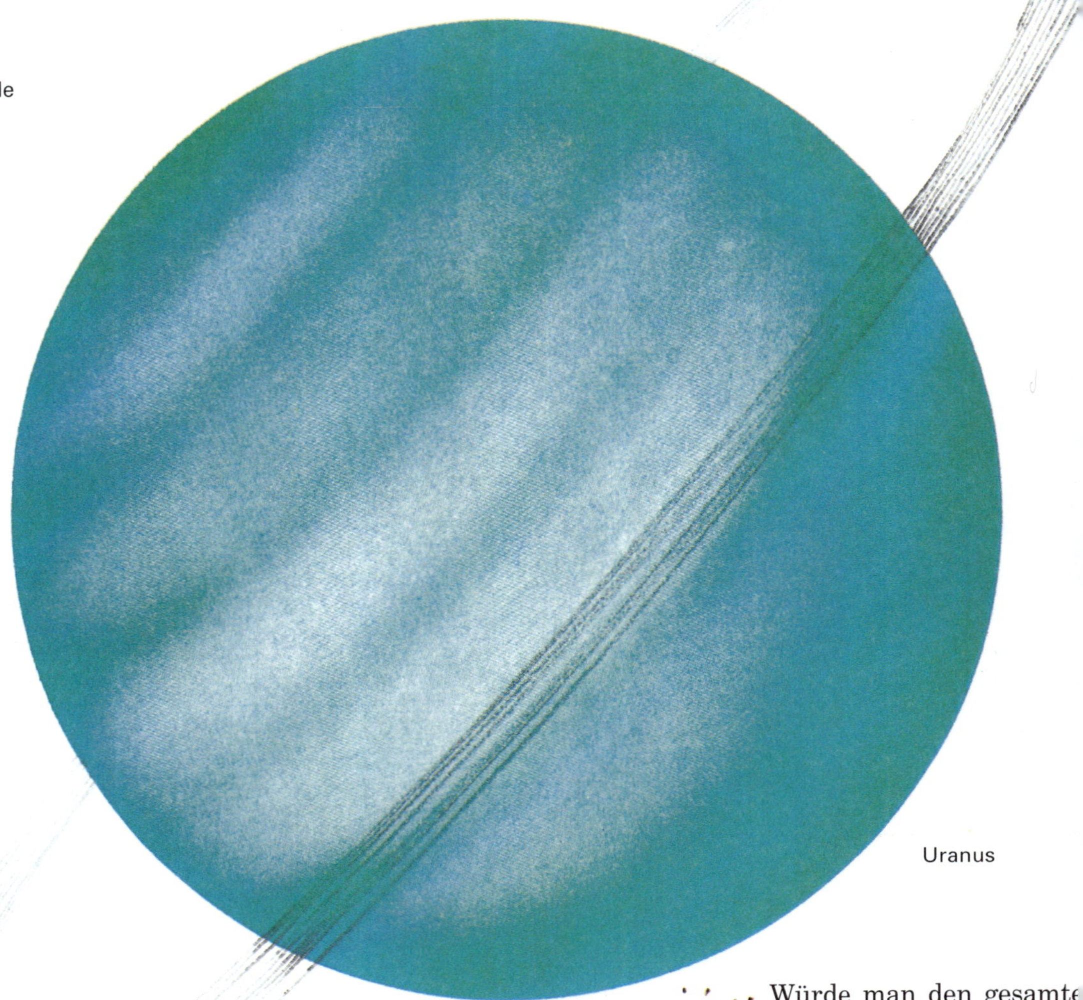

Uranus

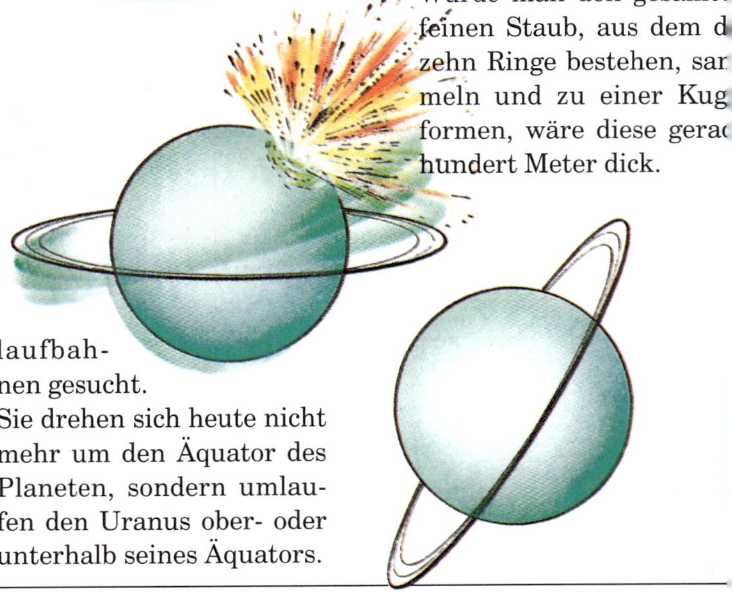

Würde man den gesamte
feinen Staub, aus dem d
zehn Ringe bestehen, sar
meln und zu einer Kug
formen, wäre diese gerac
hundert Meter dick.

Man nimmt heute an, daß Uranus früher ebenso aufrecht stand wie der Saturn, daß aber dann ein großer Komet auf seinem Weg zur Sonne mit ihm zusammenstieß. Der Komet prallte mit so viel Wucht auf den Uranus, daß dieser sich seitwärts neigte wie ein gigantischer Kreisel.
Die Monde des Uranus haben sich danach neue Umlaufbahnen gesucht.
Sie drehen sich heute nicht mehr um den Äquator des Planeten, sondern umlaufen den Uranus ober- oder unterhalb seines Äquators.

Die Monde des Uranus

Ariel

Umbriel

Titania

Ariel hat einen Durchmesser von 1330 Kilometern. Er ist eine sehr dunkle, von tiefen schluchtartigen Gräben durchzogene Welt.

Umbriel ist halb so groß wie Ariel und hat eine aschgraue Oberfläche, die mit teilweise sehr jungen Kratern übersät ist.

Titania ist der größte Uranusmond. Mit seinem Durchmesser von 1590 Kilometern ist er fast halb so groß wie unser eigener Mond.

Miranda hat einen Durchmesser von nur 490 Kilometern. Die Oberfläche besteht aus sehr unterschiedlichen Teilen. Einige Bereiche sind mit Kratern übersät, andere Bereiche sind dunkel und weisen lauter parallele Rillen auf. Es gibt Eisklippen, die bis zu 20 Kilometer hoch sind.

Uranus war der erste Planet, der von Astronomen entdeckt wurde. Alle näheren Planeten sind mit bloßem Auge sichtbar. Uranus wurde am 13. März 1781 von Wilhelm Herschel entdeckt, als er gerade das Sternbild Zwillinge beobachtete.

Wilhelm Herschel

Herschels Teleskop

Am 10. März 1977 traf ein Team von Astronomen Vorbereitungen, um einen Stern zu beobachten, der hinter der Scheibe des Planeten Uranus vorbeiwanderte (eine Verfinsterung). Eine halbe Stunde vor der planmäßigen Verfinsterung begann der Stern plötzlich zu „blinken“. Später, auf der gegenüberliegenden Seite des Planeten, blinkte der Stern dann wieder. Die Astronomen berechneten, daß Ringe für dieses Phänomen verantwortlich sein mußten.

Neptun

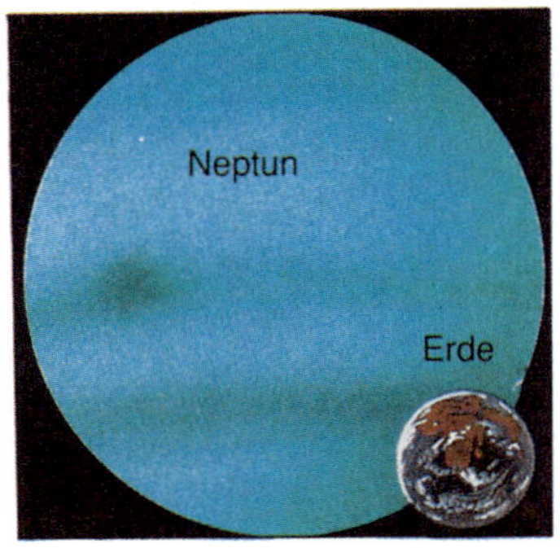

Neptun hat eine Äquatorialdurchmesser von 49528 Kilometern. Die Kameras von Voyager 2 zeigten ihn uns als einen dynamischen und erstaunlich schönen Planeten. Er hat eine blaugrüne Farbe, die von der Tatsache herrührt, daß das Methangas in der Atmosphäre das rote Licht absorbiert. Außerdem hat der Neptun ein riesiges ovales Orkansystem, ähnlich wie der Jupiter. Die Bilder der Sonde zeigten auch helle weiße Wolkenstreifen, mehrere kleine Sturmsysteme und ein kleines Wolkenband um den Südpol des Planeten.

Voyager 2 näherte sich der oberen Wolkendecke des Neptun bis auf 4900 Kilometer. Voyager 2 war die erste Sonde, die die äußeren Planeten besuchte.

Lange bevor man den Neptun gesehen hatte, wurde bereits vermutet, daß es ihn geben muß. Da sich der Uranus auf einer exzentrischen Umlaufbahn um die Sonne dreht, berechneten die Mathematiker im vorigen Jahrhundert, daß die Ursache dafür ein Planet sein mußte, der außerhalb des Uranus lag.

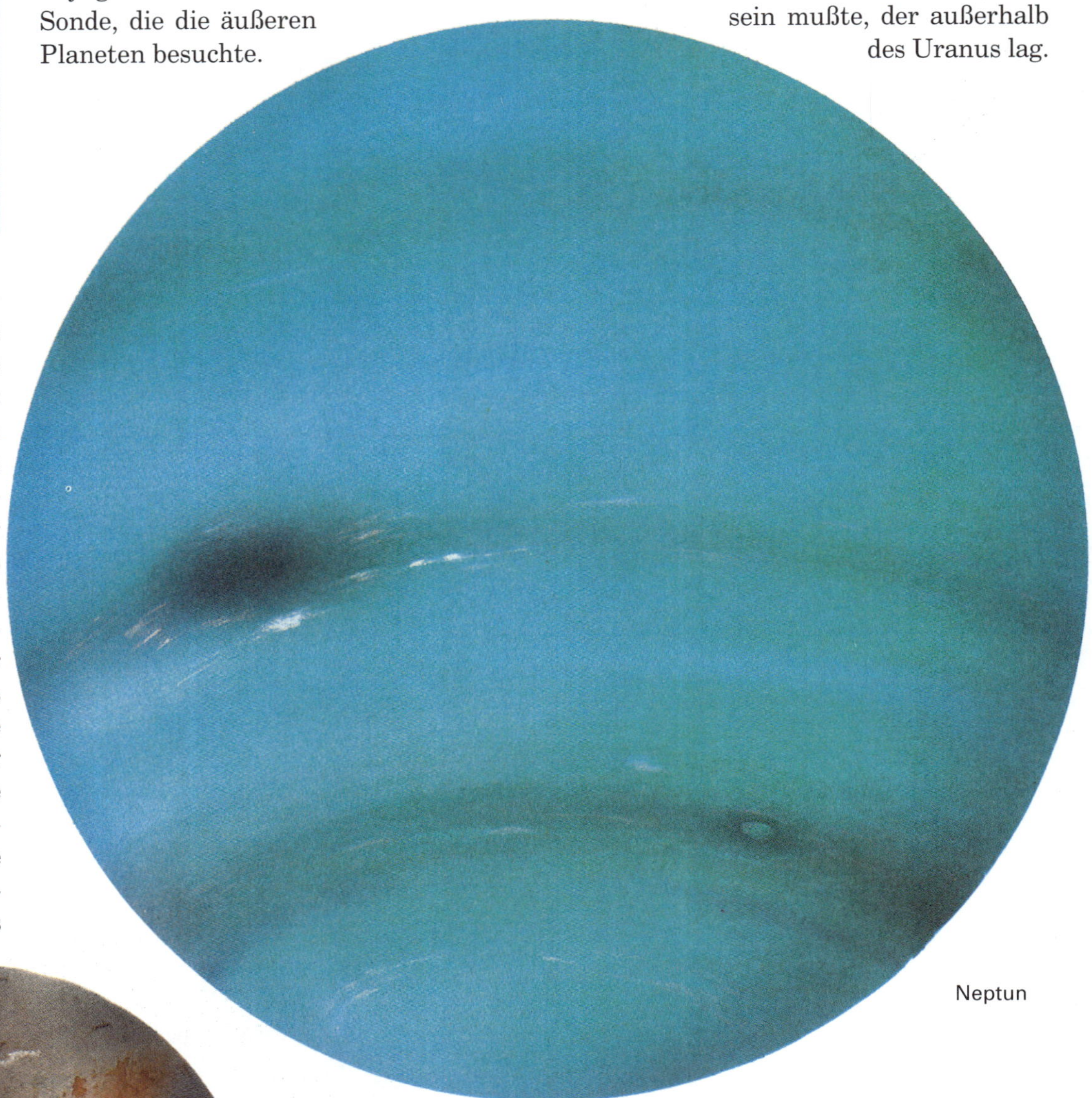

Neptun

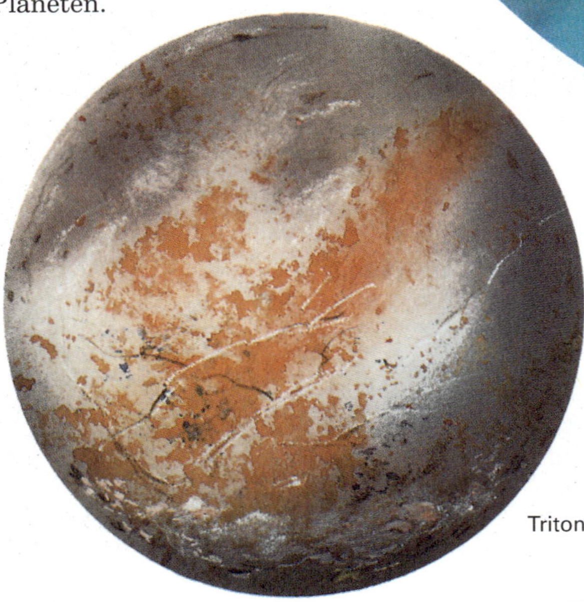

Triton

Wolken und andere atmosphärische Erscheinungen bewegen sich auf dem Neptun mit Geschwindigkeiten bis zu 1440 km/h.

Triton ist der größte Mond des Neptun – mit seinem Durchmesser von 2720 Kilometern ist er aber immer noch kleiner als unser eigener Mond! Er ist eine eisige Welt aus gefrorenem Methan und Stickstoff und hat durch das Sonnenlicht eine rosa Farbe angenommen. Auf seiner faszinierenden Oberfläche aus Kratern, Tälern, Hügelketten und gefrorenen Methangasseen könnte es auch tätige Vulkane geben.

Voyager machte viel faszinierende Entdeckungen auf dem Neptun, die die Ansichten der Astronomen über den Planeten für immer veränderten. Wir nehmen heute an, daß sich unter der Atmosphäre des

Neptun ein „Ozean“ aus flüssigem Methan und eisigem Schlamm ausbreitet, der einen steinernen Kern bedeckt.

Der „Scooter“, ein blauweißer Wolkenkeil, rast auf einer „Spur“ zwischen dem Großen Dunklen Fleck und dem Südpol um den Planeten.

Der Große Dunkle Fleck hat eine dunklere blau-grüne Farbe als die umliegenden Wolken und ist größer als die Erde. Wie der berühmte Große Rote Fleck des Jupiter scheint es sich bei ihm um ein gewaltiges Wirbelsturmsystem zu handeln. Die Kameras von Voyager entdeckten Streifen heller „Zirrus“-Wolken über dem Großen Dunklen Fleck.

Voyager entdeckte auch schimmernde Vorhänge von „Aurora“-Lichtern auf dem Neptun. Wie die Aurora-Lichter (die „Nordlichter“) auf der Erde und auf dem Jupiter werden auch die Lichter auf dem Neptun durch das Zusammenspiel von Sonnenpartikeln und dem Magnetfeld des Planeten hervorgerufen.

Eine weitere Entdeckung, die wir Voyager 2 verdanken, sind sechs neue Monde des Neptun. Sie sind alle sehr klein, mit Durchmessern von weniger als 500 Kilometern, und ähneln den kleinen Eissatelliten des Saturn und des Uranus. Voyager-Fotos lassen auf der dunklen Oberfläche der Monde Krater erkennen.

Man hatte angenommen, daß der Neptun kein vollständiges Ringsystem besitzt, sondern nur mehrere Teilringe oder „Ringbögen“. Voyager 2 entdeckte jedoch, daß die Bögen in Wirklichkeit drei vollständige Ringe sind. Die beiden äußersten und gleichzeitig die hellsten – obwohl sie immer noch dunkler sind als Kohle – sind sehr schmal. Der innere Ring ist zwar breiter, dafür aber sehr schwach zu erkennen. Auf dem äußersten Ring sind drei sonderbare „Klumpen“ von Materie verteilt, die die Astronomen wahrscheinlich irrtümlich für Ringbögen gehalten hatten.

Pluto und Planet X

Pluto ist ein winziger, kalter Planet. Auf seiner Umlaufbahn schwankt seine Entfernung zur Sonne zwischen 7,3 und 4,4 Millionen Kilometern.

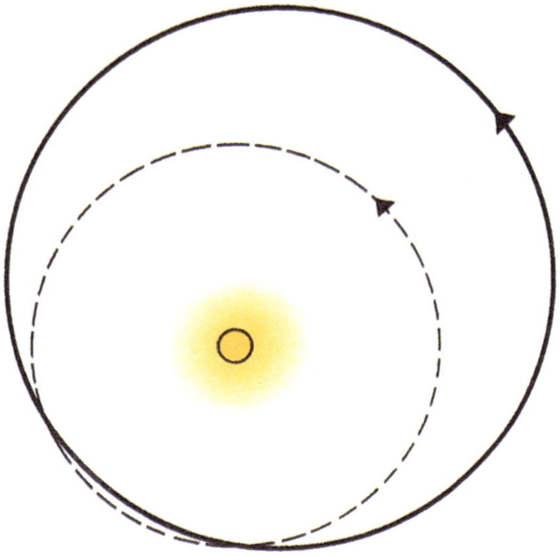

Da die Umlaufbahnen von Uranus und Neptun um die Sonne anders aussahen als zu erwarten war, vermuteten die Wissenschaftler, daß der Grund dafür ein neunter Planet sein mußte. Dieser wurde fast durch Zufall im Februar 1930 von dem amerikanischen Astronomen Clyde Thombough entdeckt. Als er das Sternbild Zwillinge fotografierte, bemerkte er, daß ein kleiner Himmelskörper seine Position verändert hatte (Pfeil); es mußte also ein Planet sein. Man benannte ihn nach Pluto, dem griechischen Gott der Unterwelt.

Der Pluto-Mond Charon hat einen Durchmesser von 1190 Kilometern und ist damit so groß, daß man ihn und Pluto eher als „Doppelplaneten“ bezeichnen könnte. Für eine Umrundung seines Mutterplaneten benötigt Charon 6,4 Tage.

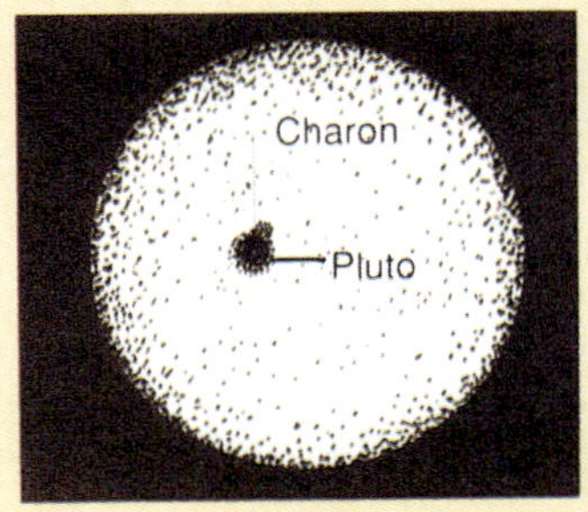

Die Oberfläche des Pluto wird von bizarren Eisstrukturen beherrscht und besteht wegen der niedrigen Temperaturen von minus 230 °C Celsius wahrscheinlich aus gefrorenem Methan.

Die Suche nach dem Planeten X

Wenn es einen zehnten Planeten, den Planeten X gibt, dann dürfte er eine stark geneigte Umlaufbahn haben. Statt sich auf derselben Ebene um die Sonne zu drehen wie die anderen Planeten, könnte ihn seine Bahn teils oberhalb, teils unterhalb dieser Ebene führen. Seine Bahn würde außerhalb der Plutobahn liegen. Wenn es den Planeten X wirklich gibt, dann leuchtet er nur sehr schwach und ist zwischen den Sternen der Milchstraße nur sehr schwer aufzuspüren. Manche Wissenschaftler glauben, daß der Planet X zur Zeit im Sternbild Skorpion liegt. Bei der Suche hat man in den letzten Jahren mehrere große Eisbrocken gefunden, die auf ähnlichen Bahnen wie Pluto die Sonne umkreisen, aber viel kleiner sind. Am weitesten außen kreist das Objekt „1993 SB“, nämlich 7780 Millionen Kilometer von der Sonne entfernt.

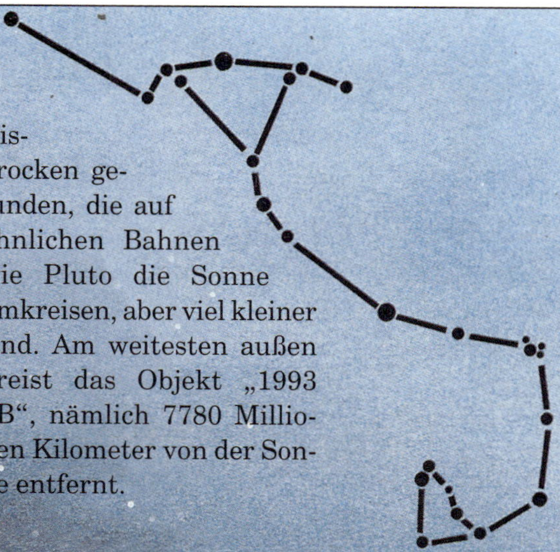

Mögliche Umlaufbahn des Planeten X

Die Entdeckung des Pluto-Mondes Charon 1978 machte es möglich, die Masse beider Himmelskörper zu berechnen. Sie haben zu wenig Masse, um die Störungen der Umlaufbahnen von Neptun und Uranus zu verursachen. Seitdem sucht man nach dem wirklichen Grund. Es könnte ein zehnter Planet oder ein riesiger Komet sein, der sich langsam in den äußeren Bereichen des Sonnensystems bewegt. Es könnte auch ein dunkler Stern in sehr großem Abstand von der Sonne sein.

Sterne und Galaxien

Wie bilden sich Sterne?

Sterne bilden sich aus Wolken von Gas und Staub, wie zuvor die Sonne. Weit drinnen im Weltraum gibt es große Wolken aus Gas und Staub, Nebel genannt. Einige davon leuchten und senden Licht aus, und genau dort bilden sich jetzt neue Sterne.

Wie nah ist der nächste Stern?

Von der Erde aus gesehen ist unsere Sonne der nächste Stern. Sie ist 150 Millionen Kilometer von der Erde entfernt. Für diese Strecke braucht das Licht acht Minuten. Danach ist Proxima Centauri der nächste Stern. Er ist vier Lichtjahre entfernt.

Wie fern ist der entfernteste Stern?

Unsere Sonne ist einer von etwa 100 Milliarden Sternen, die zu unserer Galaxie gehören. Die am weitesten entfernten Sterne am anderen Ende der Galaxie sind ungefähr 80 000 Lichtjahre entfernt. Doch es gibt noch Millionen anderer Galaxien, viel weiter entfernt, und jede umfaßt Millionen von Sternen.

Welches ist der hellste Stern?

Der hellste Stern am Himmel ist die Sonne. Sie überstrahlt alle anderen Sterne, weil sie uns so nah ist. Am Nachthimmel ist Sirius der hellste Stern. Er leuchtet tatsächlich 25mal stärker als die Sonne. Andere Sterne sind sogar noch heller und dürften eine Million mal leuchtender sein als die Sonne. Doch sie wirken schwächer als Sirius, weil sie viel weiter entfernt sind.

Wie viele Sterne gibt es am Himmel?

In einer sehr klaren Nacht, weit entfernt von einer Stadt, zählen wir etwa 2000 Sterne am Himmel. Von allen Punkten der Erde aus sind insgesamt an die 6000 Sterne sichtbar. Durch ein Teleskop offenbaren sich auch viele schwächere Sterne. Es gibt Millionen und Abermillionen von Sternen im Universum.

Ist die Sonne ein ungewöhnlicher Stern?

Von der Erde aus wirkt die Sonne groß und sehr hell. Das liegt aber nur daran, daß wir ihr so nah sind. Verglichen mit den meisten Sternen, hat sie eine durchschnittliche Größe und Leuchtkraft und ist in keiner Weise ungewöhnlich.

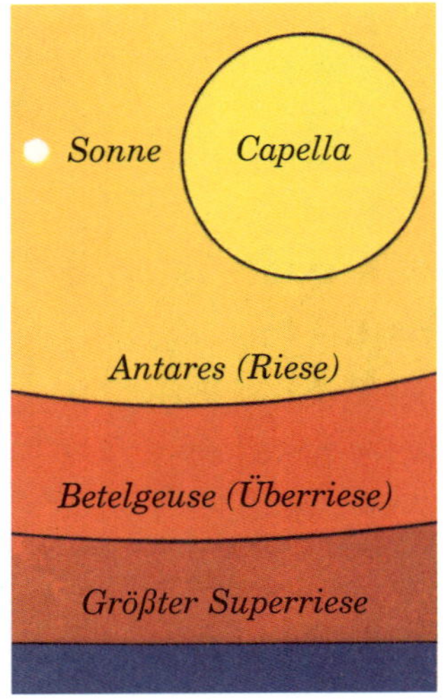

Die Sonne ist wesentlich kleiner als riesige und superriesige Sterne.

Was ist eine Supernova?

Eine Supernova ist ein Stern, der plötzlich aufflackert und Millionen Male heller wird. Er wird so strahlend, daß er am Tage zu erkennen ist, doch er verblaßt bald. Eine Supernova ist sehr selten, denn sie entsteht aus einer Explosion, die das Ende eines Sternes anzeigt.

Warum funkeln die Sterne?

Das Licht eines Sternes muß durch die Atmosphäre hindurch, damit es unser Auge erreicht. In der Atmosphäre bewegen sich Luftschichten, die den Weg des Sternenlichts ein wenig krümmen. Darum sieht es aus, als würden die Sterne funkeln. In Wahrheit scheinen sie ganz gleichmäßig.

Es sieht nur so aus, als ob die Sterne funkeln.

Was sind Sternbilder?

Am Nachthimmel formen sich die Sterne zu Mustern, die sich nie verändern. Diese Muster nennt man Sternbilder. Vor langer Zeit haben Leute ihnen Namen gegeben wie Schwan, Skorpion, Großer Wagen und Orion, weil die Muster Tieren, Objekten, Menschen oder Göttern ähneln. Wir nennen die Sternbilder noch heute so. Manchmal tauchen die Namen in lateinischer Sprache auf. Da heißt der Schwan z.B. Cygnus, der Skorpion Scorpius.

Himmelssphäre mit den Sternbildern

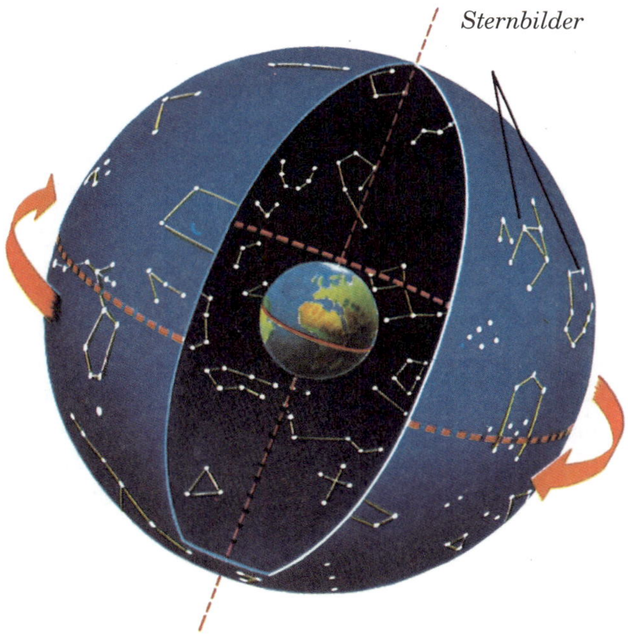

Was ist die Milchstraße?

Die Milchstraße ist ein großes Sternenband, das sich über den Nachthimmel erstreckt. Wenn wir die Milchstraße anschauen, dann sehen wir die unermeßliche Zahl von Sternen, aus der unsere Galaxie besteht.

Was ist eine Galaxie?

Eine Galaxie besteht aus Millionen oder sogar Milliarden von Sternen. Unsere Galaxie, die Milchstraße, sieht aus wie eine flache Scheibe mit spiralförmigen Armen aus Sternen. Sie hat einen Durchmesser von 100 000 Lichtjahren. Es gibt weitere Millionen von Galaxien im Universum.

Zwei Ansichten der Milchstraße. Die roten Pfeile zeigen den Standort der Sonne.

Warum sind Sterne nur nachts zu sehen?

Sterne sind tagsüber unsichtbar, weil die Sonne so hell ist. Ihr Licht überflutet den Himmel und läßt ihn blau erscheinen. Die Sterne sind noch an ihrem Platz, aber unsere Augen passen sich dem hellen Himmelsblau an und erkennen die schwächeren Sterne nicht. Bei Dämmerung, wenn die Sonne blasser ist, werden die helleren Sterne sichtbar.

Was ist ein Quasar?

Quasare sind rätselhafte Objekte, die Astronomen im Jahre 1960 entdeckten. Es sind Licht- oder Radioquellen wie Galaxien. Doch sie scheinen sehr fern zu sein, und die am weitesten entfernten Objekte, die man kennt, sind Quasare. Sie wirken sehr hell – so hell wie Hunderte von Galaxien –, sind aber weitaus kleiner als die meisten Galaxien. Wie kann ein so kleiner Körper so viel Licht produzieren? Vielleicht sorgt ein schwarzes Loch im Innern des Quasars dafür, daß er zusammenfällt und helles Licht aussendet, bevor er verschwindet.

Was ist ein Stern?

Alle selbstleuchtenden Himmelskörper werden als Sterne bezeichnet. Man unterscheidet Wandelsterne, die sich in Form und Helligkeit verändern und Fixsterne. Fixsterne sind meist sehr große, aus sich selbst leuchtende Gaskugeln hoher Temperatur.

Warum sieht man Sterne?

Weil sie Licht aussenden. Durch den Verbrennungsprozeß im Inneren der Sterne entsteht Licht, das durch das All bis zu uns gelangt. Und wir können das Licht mit unseren Augen sehen.

Welche Farbe haben die Sterne?

Wer die hellsten Sterne genau betrachtet – zum Beispiel Betelgeuse und Rigel im Sternbild Orion –, wird feststellen, daß sie entsprechend ihrer unterschiedlichen Temperaturen verschiedene Farben haben. Betelgeuse ist ein 10 Millionen Jahre alter „Roter Riese“ und leuchtet rot. Der etwa 5 Millionen Jahre alte Rigel leuchtet bläulich-weiß. Auch die schwachen Sterne zeigen Farben, aber man braucht ein Fernrohr, um dies zu erkennen.

Bleiben die Sterne für immer bestehen?

Alle Sterne bestehen aus Wasserstoff und leuchten, weil dieser brennt. Ist er irgendwann aufgebraucht, könnte nach Meinung der Wissenschaftler zweierlei geschehen: Kleinere Sterne, wie die Sonne, dehnen sich erst aus, verströmen dann ihre äußeren Schichten und schrumpfen schließlich zu einem kalten Mini-Stern oder Planeten zusammen. Größere Sterne explodieren und zerreißen in Stücke. An ihrer Stelle könnte ein seltsames Gebilde, Neutronenstern oder Schwarzes Loch genannt, zurückbleiben.

Welches ist der größte Stern?

Aufgrund der großen Entfernungen kann man die Ausmaße von Sternen nur schwer messen. Der größte Stern ist vermutlich μ-Cephei im Sternbild Cepheus (der König), der 2400mal soviel Masse hat wie unsere Sonne.

Wie kann man mit bloßem Auge die Temperatur eines Sterns ermitteln?

Die Temperatur eines Sterns läßt sich gut durch seine Farbe ermitteln. Rotleuchtende Sterne sind verhältnismäßig kalt, während bläulich-schimmernde äußerst heiß sind. Die Sonne mit ihrem gelben Schein liegt dazwischen.

Verändern Sterne Helligkeit und Gestalt?

Eine große Gruppe von Sternen ändert ihre Helligkeit in regelmäßigen oder unregelmäßigen Abständen. Man nennt sie Wandelsterne. Sie blähen sich auf und ziehen sich wieder zusammen. Andere Wandelsterne sind Doppelsterne: Sie bewegen sich umeinander herum und bedecken sich dadurch wechselseitig. Ihre Helligkeit und Gestalt kann sich infolge der gegenseitigen Anziehung ändern.

Was sind Doppelsterne?

Doppelsterne sind zwei Sterne, die um einen gemeinsamen Mittelpunkt im All drehen. Hat einer der beiden Sterne mehr Masse, so liegt der „Drehpunkt“ näher bei ihm; sind beide Sterne in ihrer Masse gleich, so liegt der Schwerpunkt genau zwischen ihnen.

Wie groß sind die Sterne?

Die meisten Sterne sind so groß wie die Sonne, die einen Durchmesser von rund 1,4 Millionen Kilometer hat. Einige Riesensterne sind bis zu hundertmal größer. Ein Superriese ist Antares; er hat den 330fachen Sonnendurchmesser. Zwergsterne sind kleiner als die Erde. Neutronensterne haben manchmal einen Durchmesser von nur 15 Kilometern, besitzen aber soviel Masse wie die Sonne. Ein Teelöffel ihrer Materie würde mehrere Tonnen wiegen.

Wie sieht eine Sternenkarte aus?

Eine Sternenkarte ist eine kartographische Darstellung von Teilen des Himmels, in der die Sterne nach Position und Helligkeit in Form kleiner Kreise wiedergegeben werden. Sternbilder werden mit Verbindungslinien zwischen den zusammengehörigen Sternen dargestellt.

Welche Bedeutung hat der Polarstern?

Der Polarstern markiert den Nordpol des Himmels, von dem er nur um 1° abweicht. Man findet ihn, indem man die von den beiden hinteren Hauptsternen des Großen Bären gebildete Linie fünfmal verlängert. Während sich die Erde dreht, bleibt der Himmelspol in Ruhe; alle anderen Himmelskörper scheinen sich langsam um ihn zu drehen. Je nach geographischer Breite des Betrachters hat der Nordpol verschiedene Stellungen am Himmel, nur vom Erdnordpol aus gesehen, steht er im Zenit, den er markiert gewissermaßen die Verlängerung der Erdachse.

Der Pferdekopf-Nebel im Orion ist eine Dunkelwolke, deren charakteristische Form man mit bloßem Auge erkennen kann. Durch Ansammlung von Materie, Staub und Gas entstehen Gebilde, die häufig eine Wolkenstruktur besitzen.

Wo liegt das Zentrum der Milchstraße?

In einer mondlosen Nacht läßt sich die Milchstraße mit ihren unzähligen Sternen, die oft zu lockeren Sternenhaufen angehäuft sind, wie ein nebelartiges Band erkennen. Das Zentrum der Milchstraße liegt bei den Sternbildern Skorpion und Schütze. Dort leuchtet sie am hellsten.

Wie wird die Helligkeit von Sternen angegeben?

Um 130 vor Christus wurde von Hipparch eine Methode entwickelt, um die scheinbare Helligkeit der Sterne zu unterscheiden. Er legte sechs Helligkeitsklassen fest, bei denen jede 2,5mal so hell ist wie die nächste. Ein Stern der Klasse 1 ist also ungefähr 100mal so hell wie ein Stern der sechsten Klasse. Unser Sonne hat eine scheinbare Helligkeit von –26,8. Das bedeutet, daß sie uns im Vergleich mit anderen Sternen unglaublich hell erscheint. In Wirklichkeit aber kann ein anderer Stern viel heller als unsere Sonne sein.

Was ist ein Parsec?

Es ist ein Entfernungsmaß. Es beträgt 3,25 Lichtjahre. Da ein Lichtjahr ungefähr 9,5 Billionen Kilometer umfaßt, bezeichnet ein Parsec eine Strecke von etwa 30,874 Billionen Kilometern.

Weshalb haben Sterne griechische Buchstaben im Namen?

1603 bezeichnete der deutsche Astronom Johann Bayer jeden einzelnen Stern in den verschiedenen Sternbildern mit einem griechischen Buchstaben. Dabei bekam der hellste Stern den Buchstaben α (Alpha), der zweithellste den Buchstaben β (Beta) und so weiter. So sind die vier Sterne des Sternbildes „Kreuz des Südens“ von α (Alpha) bis δ (Delta) bezeichnet. Dabei ist δ mehr als eine Größenklasse schwächer in seiner Leuchtkraft als die anderen drei Sterne

Was ist ein Nebel?

Ein sogenannter Nebel im Weltall ist eine Art Wolke aus Gasen und Staub. Sie kann zum Beispiel um einen Planeten entstehen, der seine Außenschicht „abgeworfen“ hat. Die Bezeichnung Sternennebel ist somit irreführend, da Nebel eben nicht aus Sternen bestehen.

Wann sieht man die meisten Sterne?

In Nächten, in denen der Mond nicht so hell ist. Außerdem sollte man die Sterne weit weg von Häusern und Straßen beobachten, da sie Licht abstrahlen.

Wie hell ist ein Stern?

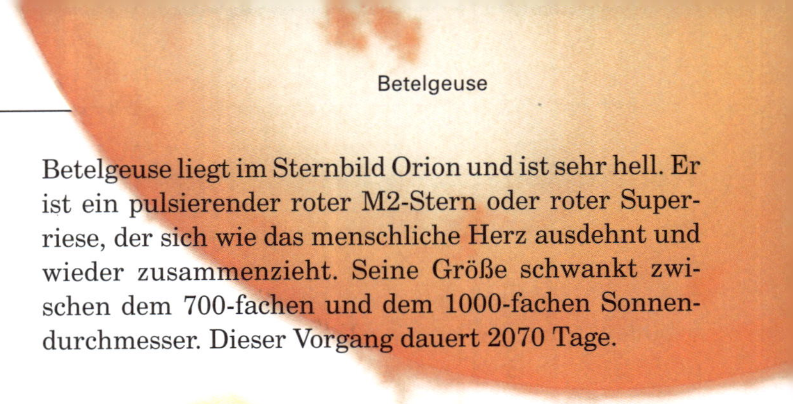

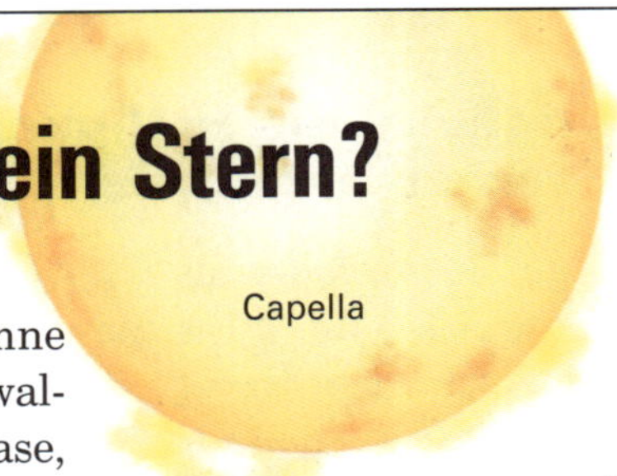

Ebenso wie unsere Sonne sind auch die Sterne gewaltige Kugeln lodernder Gase, die ihren Brennstoff aus der Kernfusion beziehen. Manche Sterne sind größer als die Sonne, manche kleiner. Auch in ihrer Farbe und in ihren Temperaturen unterscheiden sich die Sterne.

Capella gehört zur selben Klasse wie die Sonne (Klasse G), ist jedoch 16mal größer und 150mal heller.

Betelgeuse liegt im Sternbild Orion und ist sehr hell. Er ist ein pulsierender roter M2-Stern oder roter Superriese, der sich wie das menschliche Herz ausdehnt und wieder zusammenzieht. Seine Größe schwankt zwischen dem 700-fachen und dem 1000-fachen Sonnendurchmesser. Dieser Vorgang dauert 2070 Tage.

Die Sonne ist ein Stern der Klasse G.

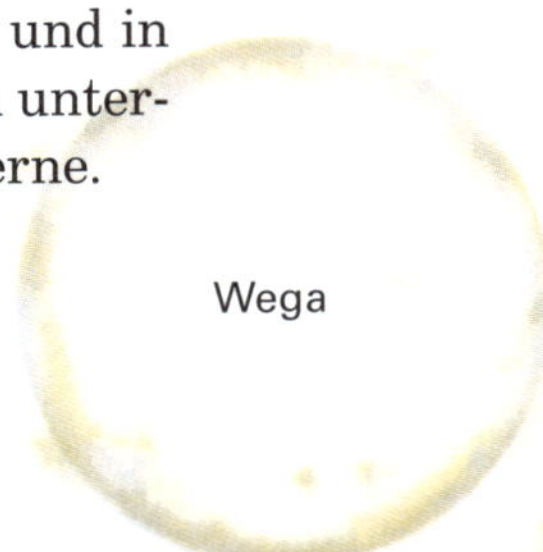

Arcturus ist ein Stern vom Typ K2. Er ist einer der hellsten Sterne am Himmel.

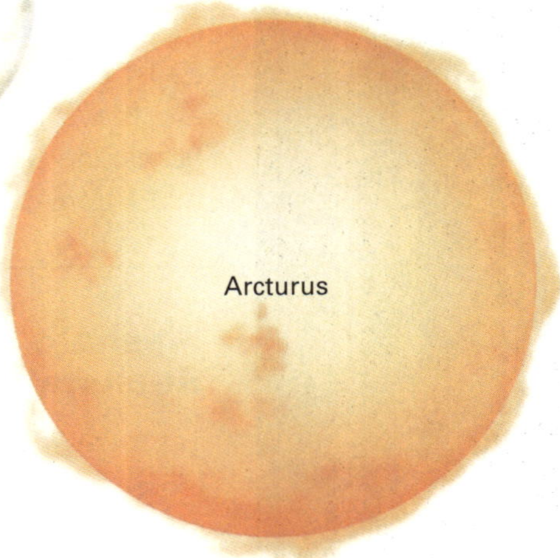

Wega ist weiß und ist 55-mal heller als die Sonne. Sie liegt im Sternbild Leier und ist ein Stern der Klasse A.

Sirius, der „Hundsstern“, ist der hellste Stern am Nachthimmel. Er leuchtet 23mal heller als die Sonne.

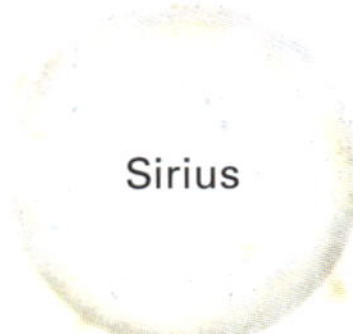

VV Cephei ist ein riesiger, bläulich-weißer Stern. Mit 2400 Sonnendurchmessern ist er der größte bekannte Stern.

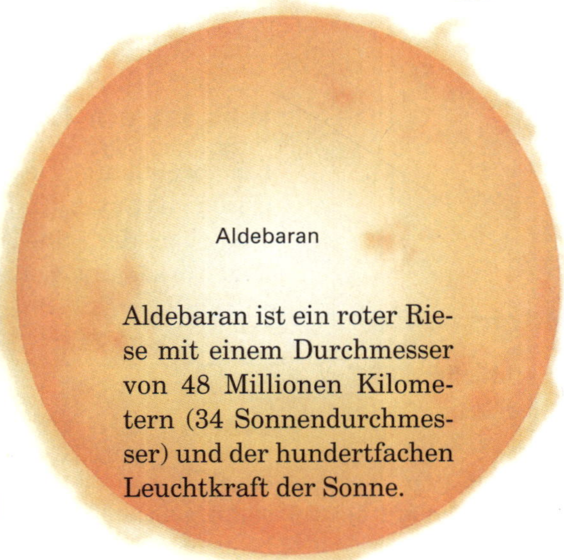

Aldebaran ist ein roter Riese mit einem Durchmesser von 48 Millionen Kilometern (34 Sonnendurchmesser) und der hundertfachen Leuchtkraft der Sonne.

Klassen

Ähnlich wie die Flamme eines Gasbrenners oder einer Kerze, leuchtet ein sehr heißer Stern blau und ein kühlerer Stern gelb. Entsprechend ihrer Temperatur werden die Sterne in die unten angegebenen Kategorien eingeordnet.

- Klasse W
- Klasse O
Klasse B
- Klasse A
- Klasse F
- Klasse G
- Klasse K
- Klasse M
- Klasse R
- Klasse N
Klasse S

Da die Entfernungen zwischen den Sternen so riesig sind, werden sie in Lichtjahren gemessen – d.h. die Entfernung, die das Licht in einem Jahr zurücklegen kann, also 9,46 Billionen Kilometer. Alpha Centauri, der Stern, der der Sonne am nächsten ist, liegt 4,3 Lichtjahre von ihr entfernt. Von der Erde bis zur Sonne sind es dagegen nur 8 Lichtminuten (150 Millionen Kilometer).

Viele Sterne am Himmel sind in Sternbildern angeordnet. Sie scheinen alle gleich weit entfernt zu sein, aber in Wirklichkeit sind die Stern, die ein Sternbild wie den Großen Wagen bilden, im Weltraum verstreut. Die Zeichnung rechts zeigt die relativen Entfernungen der Sterne im Großen Wagen von der Erde.

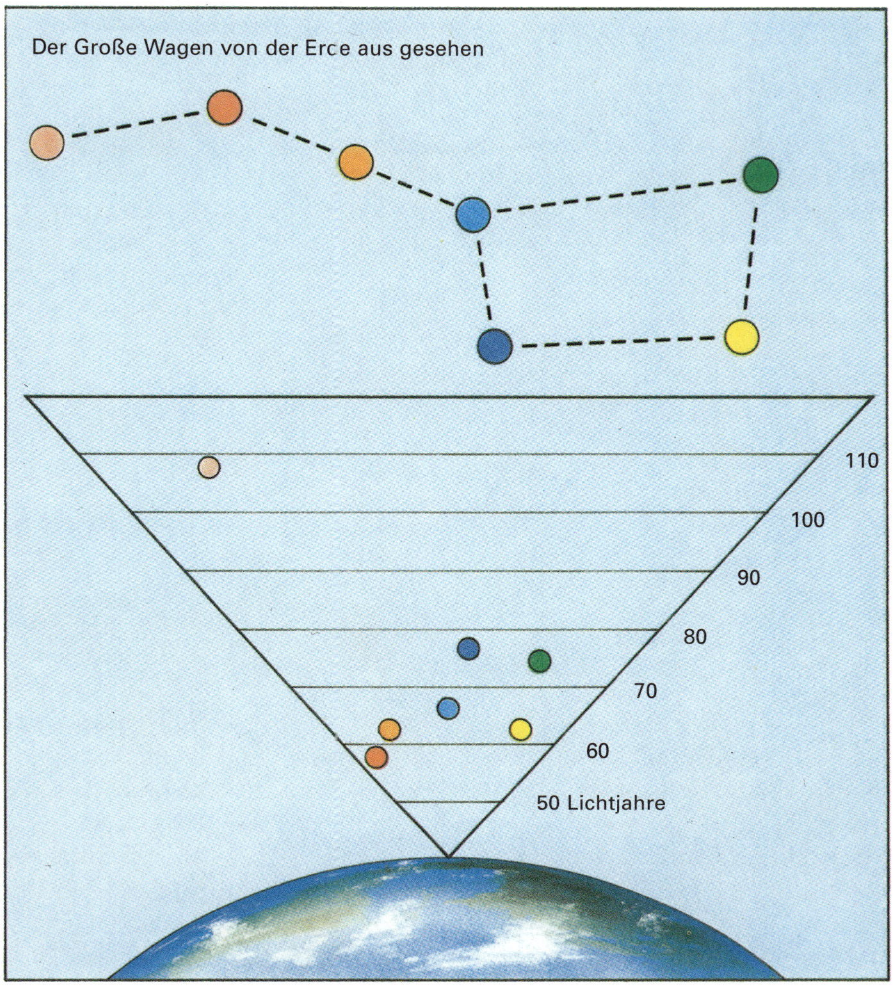

Größe

Es ist schwer zu unterscheiden, ob ein Stern deshalb hell ist, weil er groß ist oder weil er nahe bei der Erde liegt. Um dieses Problem zu umgehen, hat man den Sternen eine absolute Größe zugeordnet, das ist die Helligkeit, die jeder von ihnen hätte, wenn sie alle 32,6 Lichtjahre von der Erde entfernt wären. So scheint beispielsweise der Stern B (unten) von der Erde aus gesehen heller zu sein als der Stern A, obwohl er in Wirklichkeit viel kleiner und weniger hell ist als A.

Von der Erde aus gesehen scheint der Stern B heller zu sein als der Stern A, weil er näher ist. In Wirklichkeit ist er kleiner und weniger hell.

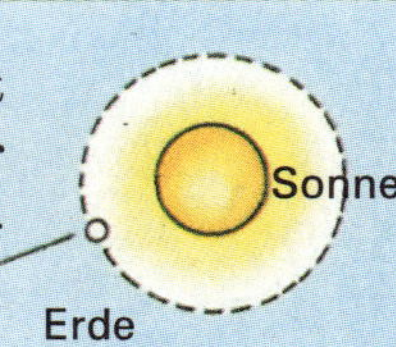

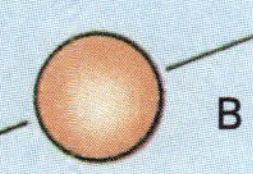

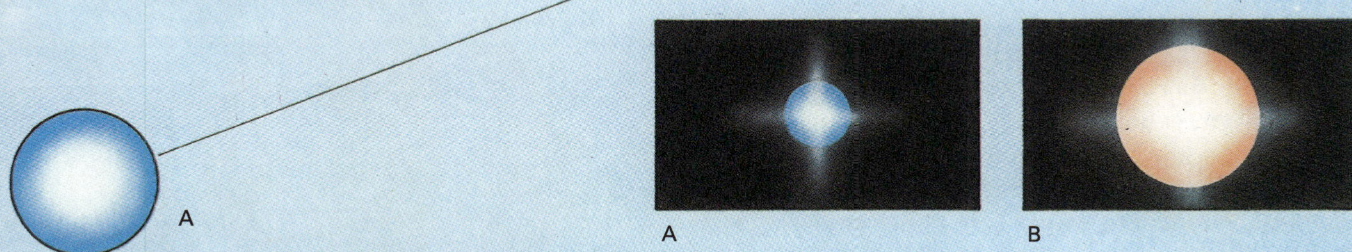

Wie lange leben Sterne?

Die Sonne entstand vor fünf Milliarden Jahren. Den Prozeß ihrer Entstehung und ihres Erlöschens seht Ihr hier.

Orionnebel

Ständig entstehen und vergehen Sterne, aber nicht alle haben dasselbe Schicksal. Sterne, die größer sind als die Sonne, leben „schneller". Die größten Sterne können hundertmal so schwer sein wie die Sonne und eine Million mal heller strahlen. Während die Sonne 10 Milliarden Jahre lang Wasserstoff zu Helium verbrennt, kann ein Riesenstern schon nach einer Million Jahren ausgebrannt sein. Sterne, die kleiner sind als die Sonne, leuchten sehr viel schwächer. Im Vergleich mit den kleinsten Sternen ist die Sonne 12mal schwerer und leuchtet hundertausendmal stärker.
Ganz kleine Gaskugeln, die noch weniger Wasserstoff enthalten, heizen sich zwar durch die Verdichtung auf, entwickeln aber nie genug Hitze, um ein nukleares Feuer zu entzünden. Sie werden als „braune Zwerge" bezeichnet, weil sie nur dunkelrot leuchten.

Am Schluß erlischt der Stern.

Er kühlt weiter ab.

Schließlich wird der Stern zu einem Weißen Zwerg. Seine Oberfläche wird sehr viel heißer, aber auch sehr viel kleiner als vorher sein.

Wenn eine Wolke aus Gas und Staub von den Schockwellen einer entfernten Supernova getroffen wird, beginnt sie, sich zu verdichten. Mit zunehmender Dichte wird immer mehr Materie hineingezogen und schließlich beginnt sich das ganze Objekt zu drehen. Die Materie im Inneren beginnt Hitze zu erzeugen. Wenn die Temperatur 10 Millionen °C erreicht, setzt die Kernfusion, die Verschmelzung von zwei Wasserstoffatomen zu einem Heliumatom, ein und ein neuer Stern ist geboren.

Wenn der Sonne irgendwann der Wasserstoff ausgeht, wird sie damit beginnen, ihren Heliumvorrat aufzubrauchen. Durch das Verbrennen von Helium wird die Sonne anschwellen wie ein Ballon, den man aufbläst. Wenn die Sonne sich dann aufgebläht hat, wird sie 400mal so groß und den Merkur und die Venus verschlucken. Die von der Sonne abgestrahlte Hitze wird dann die Oberfläche der Erde verbrennen.

Das Zentrum des Sterns schrumpft und stößt die Atmosphäre ab, die einen planetarischen Nebel bildet.

Der Stern verdichtet sich immer weiter.

Die junge Sonne wächst.

Die Sonne, wie sie heute ist.

Nach zehn Milliarden Jahren geht der Sonne der Wasserstoff aus und sie schwillt an.

Die Sonne verbrennt Helium und schwillt weiter an.

Der Stern wird zu einem Roten Riesen.

Heute in sechs Milliarden Jahren wird die Erde zerstört sein. Nach ein paar Millionen Jahren als Roter Riese wird die Sonne zu schrumpfen beginnen. Sie wird versuchen, ihr empfindliches Gleichgewicht durch Abstoßen ihrer äußeren Schichten zu erhalten. Diese bilden dann einen Ring, den man planetarischen Nebel nennt. Die Sonne wird dann so lange weiterschrumpfen, bis sie nur noch ein Weißer Zwerg ist. Sie wird noch fast soviel wiegen wie heute, aber nur noch die Größe der Erdkugel haben und noch mehrere Milliarden Jahre lang scheinen, sich aber immer mehr abkühlen.

Was ist eine Supernova?

Eine Supernova entsteht durch die gewaltige Explosion eines riesig großen Sterns. In den ersten zehn Sekunden der Explosion wird hundertmal mehr Energie freigesetzt als die Sonne in den gesamten 10 Milliarden Jahren ihrer Existenz abstrahlt!

Sollte die nächste Supernova außergewöhnlich hell werden – und eine Supernova der scheinbaren Größe 14 ist längst überfällig –, wird sie Schatten werfen und so hell sein, daß man sie durch ein Fernglas oder durch ein Teleskop nicht mehr beobachten kann. Da unsere Atmosphäre ständig in Bewegung ist, wird die Supernova funkeln und ihre Farbe zunächst von Rot in Blau, dann in Weiß und schließlich wieder in Rot ändern.

Nachdem ein Stern im Innern seinen Wasserstoffvorrat aufgebraucht und zu Helium verschmolzen hat, zieht sich sein Inneres zusammen, und die Temperatur steigt an. Durch diesen Temperaturanstieg wird das Helium entzündet. Gleichzeitig bläht sich der Stern außen auf. Bei der Kernfusion von Helium entstehen die Atomkerne der schwereren Elemente. Bald ist auch dieser Brennstoff verbraucht; das Innere des Sterns zieht sich noch mehr zusammen und wird noch heißer. Nun verschmelzen auch die Kerne der schwereren Elemente. Zuletzt befindet sich im Innern des Kerns nur noch eine große Kugel aus Eisen, die von Schichten aus Silizium, Sauerstoff, Kohlenstoff, Helium und Wasserstoff umgeben ist. Die Eisenkugel teilt sich daraufhin in zwei Bereiche. Der innere Bereich wird vom Gewicht der äußeren Schichten zusammengedrückt und bricht schlagartig in sich zusammen. Das erzeugt zwei Schockwellen. Eine läuft nach innen und drückt die Eisenkugel immer weiter zusammen. Die andere läuft nach außen und stößt die äußeren Schichten ab. Der Stern wird buchstäblich zerrissen. Aus der inneren Kugel wird ein Neutronenstern. Die abgestoßene Gashülle bildet einen Nebel, der sich immer mehr ausdehnt.

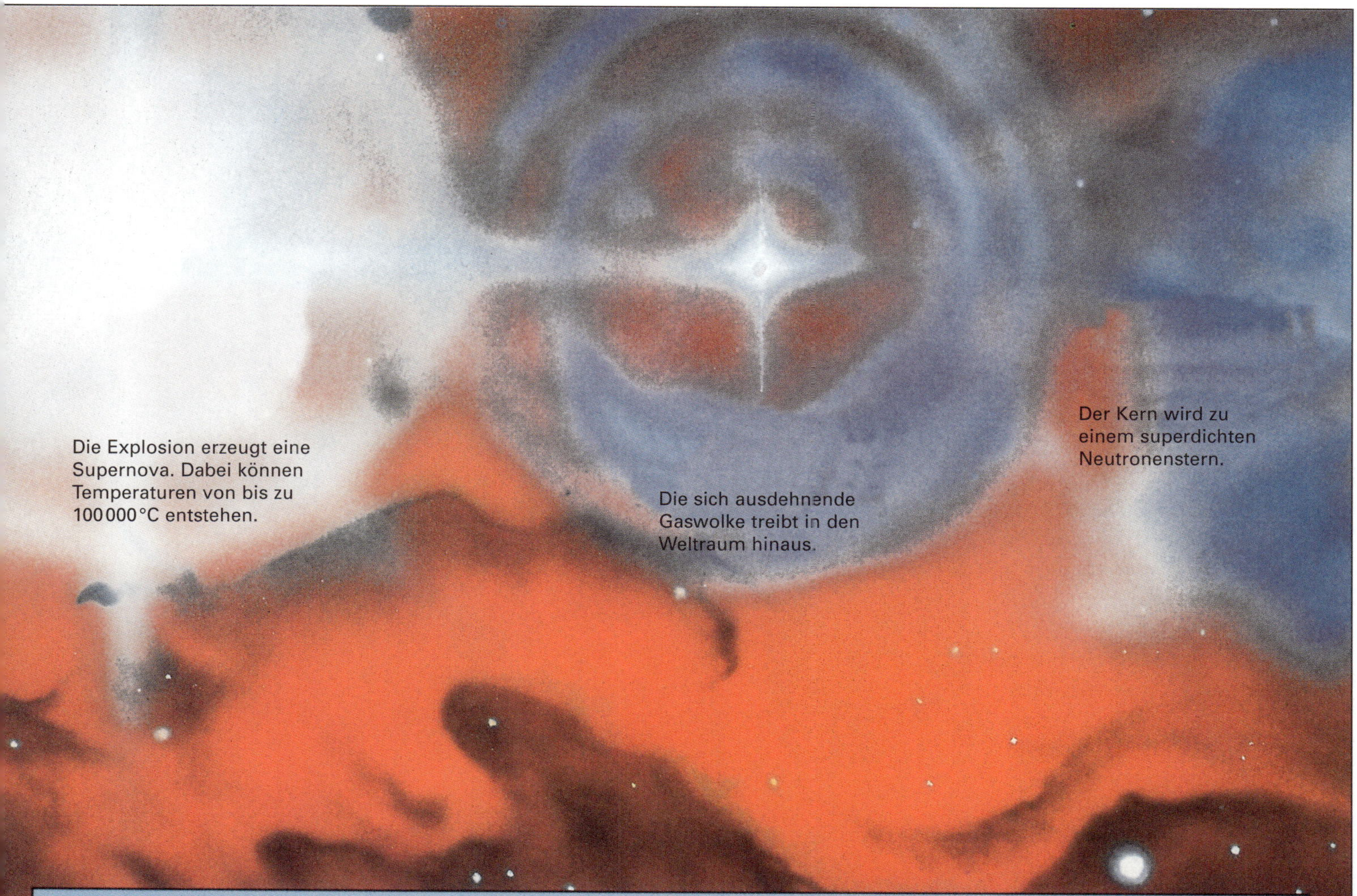

Tychos Stern

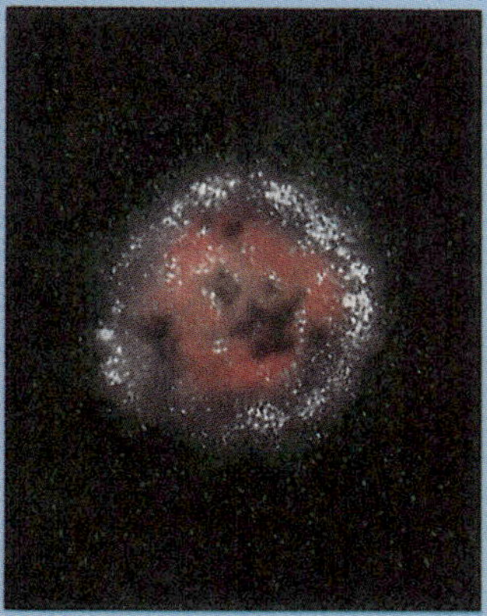

Am 11. November 1572 entdeckte der dänische Astronom Tycho Brahe einen neuen Stern in der Cassiopeia.

Der Krabbennebel

Der Krabbennebel ist das letzte Überbleibsel einer Supernova, die im Jahre 1054 über China beobachtet wurde.

Supernova 1987 A

Die hellste Supernova seit 383 Jahren wurde im Februar 1987 in der Magellanschen Wolke am Südhimmel gesichtet. Sie entstand durch die Explosion eines Blauen Riesen, der zwanzigmal größer und 80 000mal heller als die Sonne war.

Wo gibt es Schwarze Löcher?

Ein Schwarzes Loch ist kein fester Himmelskörper. Die gesamte Masse eines Sterns steckt im Innern des Loches. Die Anziehungskraft dieser Masse ist so groß, daß ihr nicht einmal das Licht entgehen kann; deshalb erscheint das Loch schwarz vor dem dahinterliegenden Sternenhimmel.
Gas und andere Materie in der Umgebung eines schwarzen Loches werden hineingezogen wie Wasser in einen Abfluß. Dabei nimmt die Masse des schwarzen Loches zu – und seine Anziehungskraft. Das schwarze Loch wird also um so größer, je mehr es „frißt“. Astronomen glauben, daß es im Innern großer Galaxien riesige Schwarze Löcher gibt, die jede Sekunde die Masse von drei Erdkugeln verschlingen – das wären 111 Millionen Erdkugeln pro Jahr. Als Größe eines Schwarzen Loches gibt man den Abstand an, in dem die Materie mit Lichtgeschwindigkeit um das Loch kreisen müßte, um nicht hineingezogen zu werden. Wäre unsere Sonne ein schwarzes Loch, hätte sie 5 Kilometer Durchmesser. Die Erde wäre so klein wie eine Murmel.

1962 entdeckte eine kleine Rakete starke Röntgenstrahlung im Sternbild Cygnus. Fünf Jahre später fanden Astronomen heraus, daß die Strahlungsquelle ein Schwarzes Loch war – möglicherweise das Überbleibsel von einer Supernova-Explosion eines uralten Sterns.
In einem glühenden Strom wird die Materie eines benachbarten Sterns angezogen, erst gebündelt und dann spiralförmig um das Schwarze Loch gedreht, bevor sie für immer darin verschwindet.

Die Astronomen glauben, daß im Zentrum unserer Milchstraße ein Schwarzes Loch von ungeheuren Ausmaßen liegt. Mit Hilfe von Spezialinstrumenten haben sie Radiowellen und eine starke Strahlungsquelle mit einem Durchmesser von etwa 1,5 Milliarden Kilometern (etwa die Entfernung zwischen der Erde und dem Saturn) entdeckt. Im Zentrum dieses Himmelskörpers könnte ein unvorstellbar großes Schwarzes Loch mit einem Durchmesser von 15 Millionen Kilometern liegen!

Rote Riesen – Weiße Zwerge

Wenn ein Stern von der Größe unserer Sonne seinen gesamten Brennstoff verbraucht hat, schwillt er für kurze Zeit zu einem gewaltigen Roten Riesen an, bevor er wieder schrumpft und zu einem Weißen Zwerg wird. Ein Weißer Zwerg ist ein Himmelskörper, der so ungeheuer dicht ist, daß eine Handvoll von seiner Materie etliche Tonnen wiegen würde!

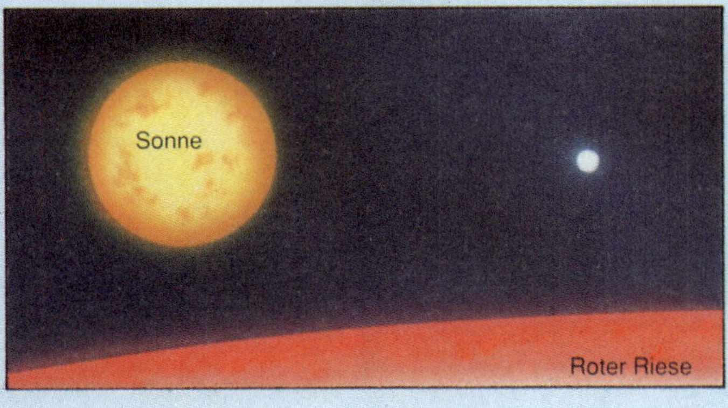

Neutronensterne

Ein Neutronenstern ist das Innere eines Sterns von dreifacher Sonnenmasse, der bei einer Supernova-Explosion zerstört wurde. Neutronensterne sind nur 20 Kilometer groß, wiegen aber mehr als unsere Sonne. Eine winzige Menge dieser Materie, gerade so groß wie ein Stecknadelkopf, würde mehr als eine Million Tonnen wiegen – mehr als der größte Flugzeugträger der Welt!

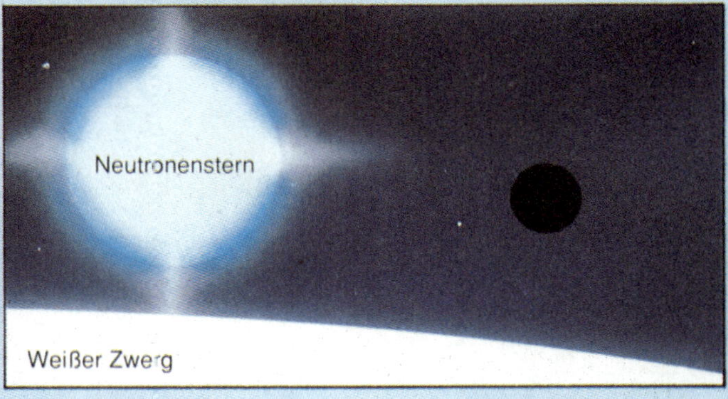

Was ist eine Galaxie?

Galaxien sind ungeheuer große Ansammlungen von Sternen, Gasen und Staub, die durch die Schwerkraft in der einen oder anderen Form zusammengehalten werden. Sie sind die „Bausteine“ des Universums. Die Milchstraße ist nur eine von Millionen Galaxien, die sich durch den Weltraum bewegen. Astronomen nennen die Milchstraße oft unsere „Insel“ im Ozean des Weltalls. Obwohl unsere Heimatgalaxie im Vergleich zu unserem Sonnensystem ungeheure Ausmaße besitzt, ist sie nur ein winziger Teil des Universums.

Balkenspiralgalaxien sind den Spiralgalaxien sehr ähnlich, ihre Spiralarme biegen jedoch von den beiden Enden eines Balkens ab, der durch die Mitte des Kerns verläuft. Sie enthalten neben riesigen Mengen von Gas und Staub auch Sterne.

Spiralgalaxien sind wie ein Feuerrad geformt und besitzen mehrere Spiralarme, die bogenförmig aus ihrem Zentrum herauszuwachsen scheinen. Manche Spiralarme sind enger gewunden als andere. Sie enthalten nicht nur Sterne, sondern auch glühende Gaswolken und dunkle Staubstränge, die sie mit sich ziehen. In ihrem Zentrum liegt ein sich aufblähender Kern aus alten roten Sternen, die sich möglicherweise um ein riesiges Schwarzes Loch gruppieren. Drei Viertel aller Galaxien im Universum sind Spiralen, und die Milchstraße ist ein typisches Exemplar davon.

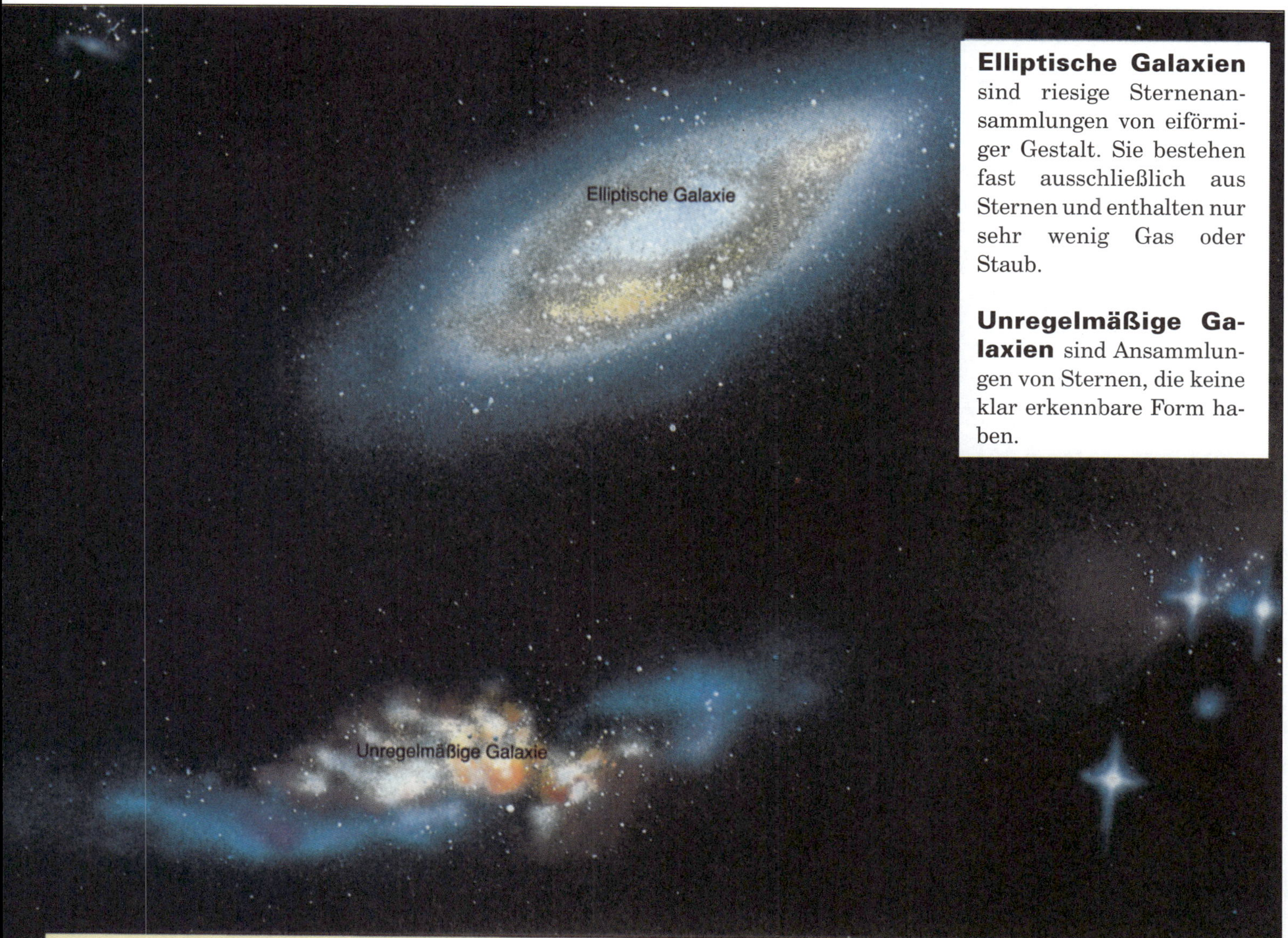

Elliptische Galaxien sind riesige Sternenansammlungen von eiförmiger Gestalt. Sie bestehen fast ausschließlich aus Sternen und enthalten nur sehr wenig Gas oder Staub.

Unregelmäßige Galaxien sind Ansammlungen von Sternen, die keine klar erkennbare Form haben.

Neue Galaxien

Am Anfang einer typischen Spiralgalaxie steht eine massive Wolke aus Staub und Gas, die irgendwann in sich zusammenzufallen beginnt und dabei ungefähr die Form einer Kugel annimmt. Es bilden sich dann Verdichtungen, die mit der Zeit zu Sternenhaufen werden. Die dichteren, näher am Zentrum gelegenen Teile der Kugel verflachen sich daraufhin immer mehr zu einer rotierenden Scheibe. Nach etwa einer Milliarde Jahre beginnen sich Spiralarme mit dichten Materieklumpen zu bilden, die sich weiter zusammenziehen und Haufen von unstabilen Sternen bilden. Diese explodieren wenig später und schleudern dabei riesige Mengen von Sternenmaterie durch die junge Galaxie. Diese Materie beginnt sich dann erneut zu kleineren, stabileren Sternen zu verdichten – wie unsere Sonne einer ist.

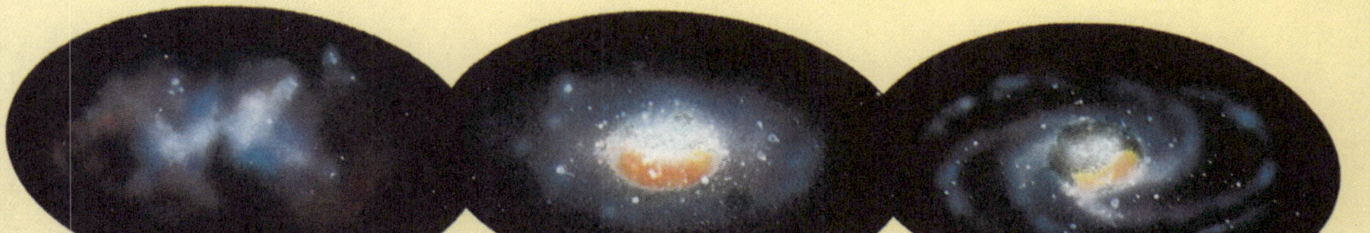

Dreht sich die Milchstraße?

Die Milchstraße ist eine von 100 Milliarden Galaxien im Universum. Sie ist ein riesiges Windrad aus über 100 Milliarden Sternen. Unsere Sonne ist nur einer davon.

Die Milchstraße von der Erde aus gesehen.

Von der Erde aus ist die Milchstraße als ein breites Band von verschwommenem Licht zu erkennen. Im Sommer leuchtet sie am hellsten. Die Milchstraße dreht sich nicht nur um sich selbst, sie bewegt sich außerdem mit einer Geschwindigkeit von 2,2 Millionen Kilometern pro Stunde durch den Weltraum.

Unsere Galaxie dreht sich wie ein riesiges Feuerrad. Um sich einmal um sich selbst zu drehen, braucht sie 230 Millionen Jahre – seit ihrer Entstehung hat sich unsere Galaxie 52mal gedreht.

Der Kern unserer Galaxie ist rot, denn er besteht aus uralten roten Riesensternen. In der Mitte, so nehmen die Astronomen an, befindet sich ein riesiges Schwarzes Loch.

Wir sind hier.

Von der Seite sieht die Milchstraße einem Diskus ähnlich. Unser Sonnensystem liegt im äußeren Drittel der Scheibe.

Sternhaufen

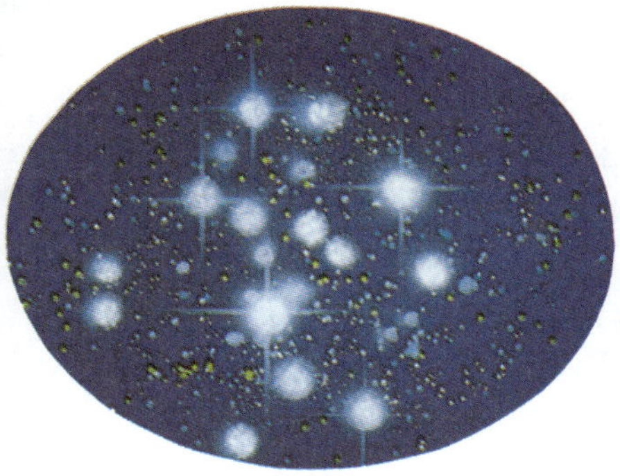

In unserer Galaxie gibt es viele Sternhaufen. Offene Haufen *(oben)* bestehen aus einigen Hundert Sternen, wohingegen dichtere, kugelförmige Haufen viele Millionen Sterne enthalten.

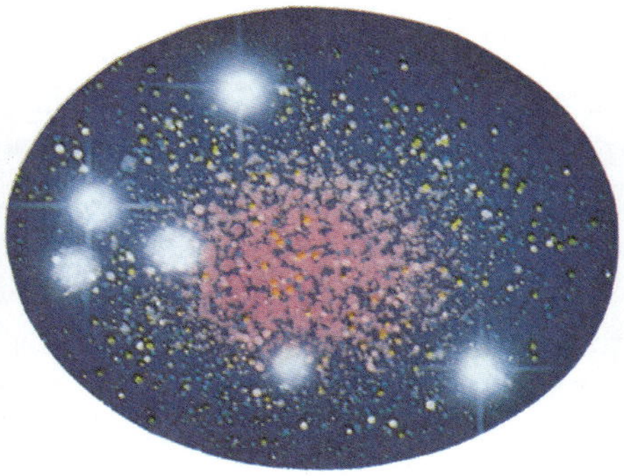

Nebel *(oben)* sind Gaswolken zwischen den Sternen. Sie sind dunkel oder, wenn sie das Licht anderer Sterne in ihrer Umgebung reflektieren, auch hell.

Die Milchstraße bringt dauernd neue Sterne hervor. Etwa alle achtzehn Tage wird einer geboren!

Kometen und Meteore

Wie kommt ein Komet zu seinem Namen?

Kometen werden nach ihren Entdeckern benannt, so zum Beispiel die Kometen Bennett (1970) und West (1975) nach ihren Entdeckern Jack Bennett und Richard West. Viele Astronomen haben sich auf die Kometenjagd spezialisiert. Wer einen Kometen entdecken will, muß allerdings viel Ausdauer beweisen.

Warum hatten die Menschen früher Angst vor Kometen?

Aus Unkenntnis glaubten die Menschen früher, daß Kometen böse Vorzeichen seien. Es sollten Pest, Hungersnot oder auch das Ende der Welt folgen. Später dann fürchteten die Menschen einen Zusammenstoß zwischen der Erde und einem Kometen. So sagte ein Professor in Cambridge das Ende der Welt durch einen Kometeneinschlag für den 16. Oktober 1736 voraus. Die Angst der Bevölkerung war so groß, daß der Erzbischof von Canterbury das Volk beruhigen mußte.

Welche Besonderheit besitzt der Halleysche Komet?

Der Halleysche Komet kommt seit mindestens 240 v. Chr. alle 76 Jahre in die inneren Regionen unseres Sonnensystems. Lange Zeit war unbekannt, daß es sich um ein und denselben Kometen handelt. Erst der britische Astronom Edmond Halley erkannte 1705 die Regelmäßigkeit und sagte voraus, daß der Komet 1758 wiederkehren würde. Tatsächlich wurde er in der Weihnachtsnacht 1758 von dem deutschen Astronomen Palitzsch entdeckt.

Woher wissen wir, wie ein Kometenkern aussieht?

1986 gelang es der Raumsonde Giotto, aus 1675 Kilometer Entfernung Aufnahmen vom Kern des Halleyschen Kometen zu machen. Die Bordkamera zeigte, daß der Kern im Aussehen einer Erdnuß ähnelt und aus Wassereis und einer schwarzen Oberschicht besteht. Durch die Hitze der Sonne strömt aus dem Kern Gas ins Weltall und reißt den Staub von der Kometenoberfläche mit sich.

Woher kommt der Begriff Komet?

„Komet" kommt aus dem Griechischen und bedeutet „Haarstern". Dieser merkwürdige Begriff entstand, weil der Kometenschweif mit einem Haarbüschel verglichen wurde.

Wie lang sind die Umlaufbahnen der Kometen um die Sonne?

Manche Kometen bewegen sich auf so langen Bahnen, daß es Millionen von Jahren dauert, bis sie die Sonne einmal umrundet haben. Andere benötigen „nur" einige tausend Jahre. Der Komet mit der kürzesten Umlaufbahn ist Encke. In 3,3 Jahren hat er die Sonne einmal umrundet.

Welcher Komet wird erst in 3500 Jahren wiederkehren?

Am 22. Juli 1995 entdeckten die beiden amerikanischen Astronomen Alan Hale und Thomas Bopp unabhängig voneinander einen Kometen. Im März und April 1997 konnten Millionen Menschen den Kometen dann mit bloßem Auge am Himmel erkennen. Mit dem erneuten Auftauchen von Hale-Bopp ist allerdings erst in ungefähr 3500 Jahren zu rechnen.

Was ist der Unterschied zwischen einem Kometen und einem Meteor?

Ein Komet ist ein Brocken aus Eis und Gestein, der die Sonne umkreist. Ein Meteor ist ein Gesteinsteilchen, das aus dem Weltraum in die Erdatmosphäre eintritt und dort verglüht. Gesteinsteilchen, die in die Erdoberfläche einschlagen, heißen Meteoriten.

Welches ist der größte Meteorit?

Der größte Meteorit liegt in Hoba West in Afrika. Er wiegt wahrscheinlich mehr als 60 Tonnen. Genau kann man das nicht sagen, da er noch nie gehoben oder gewogen wurde. Der zweitgrößte Meteorit liegt in Grönland und wiegt 34 Tonnen, das sind 34 000 Kilogramm.

Wie alt sind Meteoriten?

Die meisten Meteoriten sind 4,6 Milliarden Jahre alt. Sie sind viele tausend Millionen Jahre im All herumgewandert, bis sie auf der Erde eingeschlagen sind.

Wie viele Meteoriten stürzen jeden Tag zur Erde?

Man schätzt, daß pro Tag einige Hundert bis einige Tausend Tonnen meteoritischen Materials auf die Erdoberfläche niedergehen. Zum größten Teil handelt es sich um winzige Mikrometeoriten mit einem Durchmesser von weniger als einem Millimeter.

Was haben die Dinosaurier mit Meteoriten zu tun?

Vor rund 65 Millionen Jahren starben die Dinosaurier aus. Die meisten Wissenschaftler gehen davon aus, daß die Erde von einem gigantischen Meteoriten getroffen wurde. Bei seinem Aufprall wurden riesige Mengen Staub und Wasserdampf in die Atmosphäre geschleudert, so daß das Sonnenlicht nicht mehr zur Erde durchdringen konnte. Es wurde kühler, und die Lebewesen, die Wärme gewohnt waren, starben allmählich aus. Für diese Theorie spricht, daß man auf dem ganzen Erdball eine zwei Zentimeter dicke Schicht rötlichen Tons entdeckt hat. Dagegen spricht, daß man noch keinen Einschlagkrater entdeckt hat, der von dem vermuteten Meteoriten stammen könnte.

Wo ist ein Meteorit ein Heiligtum?

Tausende von Muslimen pilgern jedes Jahr nach Mekka in Saudi-Arabien, dem Geburtsort Mohammeds. Ziel der Wallfahrt ist die große Moschee, in der sich die Kaaba befindet. Siebenmal muß jeder Pilger dieses Gebäude umwandern und dann den etwa 30 Zentimeter großen schwarzen Stein küssen, der in anderthalb Meter Höhe an der Südostseite eingelassen ist. Es handelt sich um einen Meteoriten.

Kann ein Asteroid die Erde streifen?

Ja, das ist theoretisch denkbar. Asteroiden, die eine solche Gefahr darstellen können, werden als PHA (Potentially Hazardous Asteroids) bezeichnet. Im Jahr 1999 sorgte die Meldung über den PHA „1999 AN 10“ für Aufregung. Auf seinem Flug soll er die Erde zuerst im August 2027 in nur etwa 37500 Kilometern Entfernung passieren. Bei einem erneuten Vorbeiflug im Jahr 2039 wird er sich dann in einer noch geringeren Entfernung zur Erde bewegen. Durch die Anziehungskraft von Erde und Mond könnte die Flugbahn des Asteroiden so verändert werden, daß er einen größeren oder aber noch kleineren Bogen um die Erde macht.

Wo ist der größte Meteoritenkrater?

Der größte Einschlagkrater eines Meteoriten liegt in Südafrika. Er wird wegen des salzigen Wassers, das sich in seiner Mitte gesammelt hat „Saltpan“ (engl. Salzpfanne) genannt.

Gibt es in Deutschland Meteoritenkrater?

In Süddeutschland, zwischen Schwäbischer Alb und Fränkischer Alb, liegt das Nördlinger Ries, eine fast kreisrunde Beckenlandschaft von etwa 25 Kilometer Durchmesser. Lange Zeit hielt man den Kessel für einen Vulkantrichter, bis man bei Bohrungen in 300 bis 600 Meter Tiefe auf Gesteinstrümmer stieß, die offenbar beim Aufprall eines Meteoriten vor 15 Millionen Jahren herausgeschleudert wurden und wieder in den Krater zurückgefallen waren.

Wo fanden die letzten großen Meteoriteneinschläge statt?

In Sibirien (Rußland). Dort stürzte am 30. Juni 1908 ein großes Objekt vom Himmel und knickte über einem weiten Waldgebiet Bäume um. Wegen der politischen Unruhen wurde erst 1927 eine Expedition an die Einschlagstelle geschickt. Es wurden aber leider keine Überbleibsel des Meteoriten gefunden. Der zweite Einschlag erfolgte am 12. Februar 1947. Es wurden viele kleinere Krater entdeckt und zahlreiche Meteoritenstücke geborgen.

Mit der Wiederkehr des Kometen Hale Bopp ist erst in etwa 3500 Jahren zu rechnen.

Woher kommen Kometen?

Man nimmt an, daß die Kometen von der „Oortschen Wolke“ kommen, einem Ring von über 100 Milliarden Kometen, der unser Sonnensystem weit jenseits der Umlaufbahn des Pluto umgibt. Früher glaubten die Menschen, Kometen seien Feuerbälle, dabei ist genau das Gegenteil der Fall. Die meiste Zeit über sind sie nämlich gefrorene, leblose Körper, die erst dann „aufwachen“, wenn sie sich der Sonne nähern. Sobald der Komet der Sonne nahekommt, beginnt sein Eis zu schmelzen, und das darin eingeschlossene Gas wird freigesetzt.

Manche Kometen ziehen so nahe an der Sonne vorbei, daß die Astronomen sie „Sonnenschrammer“ nennen. 1965 flog der Komet Ikeya Seki im Abstand von 464 000 Kilometern an der Sonnenoberfläche vorbei – nur ein wenig weiter als der Mond von der Erde entfernt ist. 1994 kam der Komet Levy-Shoemaker 9 dem Jupiter zu nahe und zerbrach in 20 Teile. Diese Teile stürzten auf den Jupiter und verursachten dort große Explosionen.

Der Schweif eines Kometen weist immer von der Sonne weg. Die vom Kern freigesetzten Gase werden vom Sonnenwind nach hinten geblasen.

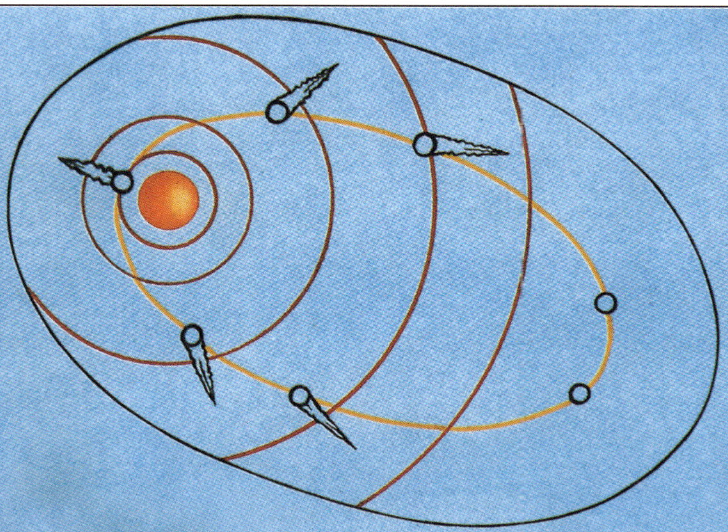

Der Große Komet von 1843 hatte den längsten Schweif, der jemals beobachtet wurde. Er war 800 Millionen Kilometer lang – das entspricht etwa der Entfernung zwischen der Erde und dem Planeten Jupiter.

Die Umlaufbahn des Halleyschen Kometen

Die meisten Kometen scheinen bloß einen Schweif zu haben, einige haben aber sogar mehrere. Der Komet „de Cheseaux“ hatte sechs.

Ein Komet hat zwei Schweife. Der Staubschweif ist gelb, da er das Sonnenlicht reflektiert, wogegen der Gasschweif blau ist, weil er sein eigenes Licht abstrahlt.

Der Halleysche Komet

Der bekannteste Komet ist der Halleysche Komet. Er wurde im Lauf der Geschichte immer wieder gesichtet – so sah ihn etwa Wilhelm der Eroberer im Jahre 1066. Zuletzt wurde er 1986 gesichtet. Er wird für das Jahr 2062 wieder erwartet.

Edmond Halley

1986 schoß die Raumsonde Giotto aus nächster Nähe Fotos vom Halleyschen Kometen. Sekunden später wurde die Sonde von einem heftigen Staubstoß aus ihrer Bahn geworfen.

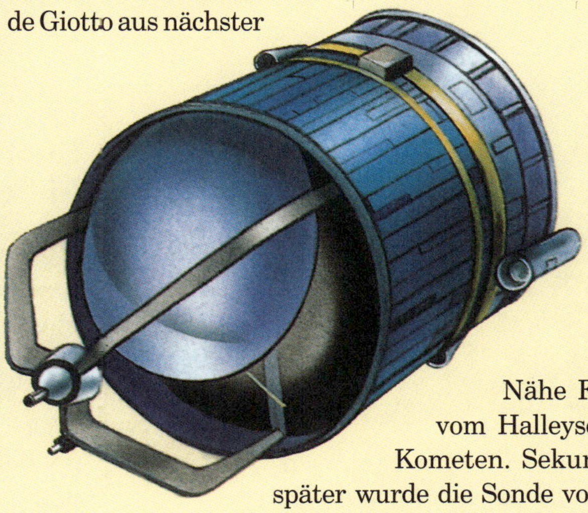

Giotto

Sind Sternschnuppen Sterne?

Sternschnuppen, die von den Astronomen Meteore genannt werden, sind keine Sterne. Es sind kleine Teilchen aus Eis, Gestein oder Eisen, die bei der Entstehung der Planeten vor 5 Milliarden Jahren übrig geblieben sind. Die Teilchen können so klein wie ein Sandkorn sein, aber auch mehrere Zentimeter groß. Taucht ein solches Teilchen mit hoher Geschwindigkeit in unsere Atmosphäre ein, wird es durch die Reibung mit den Luftmolekülen sehr heiß und verdampft. Für den Bruchteil einer Sekunde wird eine leuchtende Gaswolke sichtbar, die viel größer ist als das eintauchende Teilchen selbst. Es sieht so aus, als ob plötzlich ein Stern aufleuchtet und quer über den Himmel schießt.

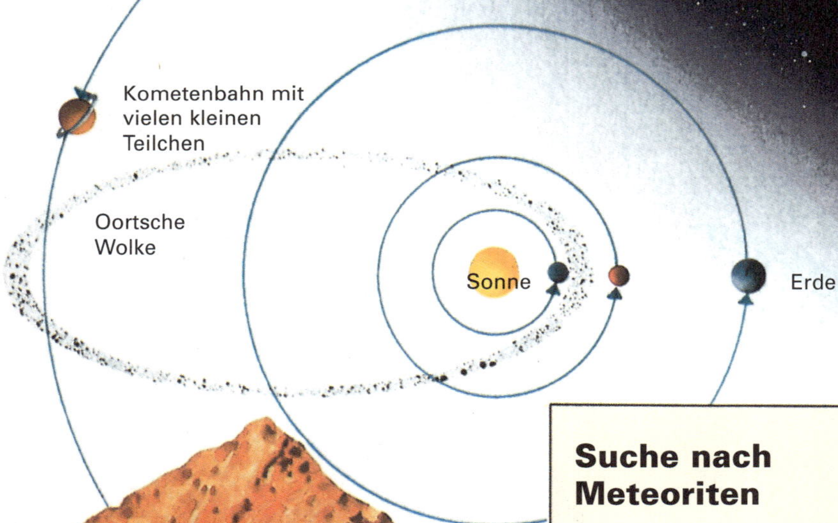

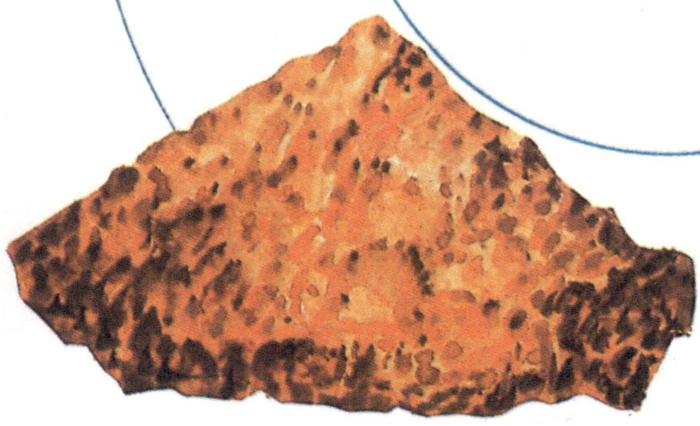

Die meisten Sternschnuppen verglühen vollständig. Die Reste größerer Teilchen können als verkohlter Stein oder Eisenklumpen zur Erde fallen, man nennt sie Meteoriten.

Suche nach Meteoriten

Meteoriten sind schwer zu finden, da sie klein sind und leicht übersehen werden können. Am leichtesten lassen sich Meteoriten deshalb in der Antarktis finden, da die verkohlten Steine sich deutlich vom Schnee und Eis abheben. Oftmals liegen sie sogar direkt an der Oberfläche.

Einige Meteore sind farbig, meistens blau und weiß, manchmal aber auch rot oder sogar grün.

1966 ereignete sich ein faszinierendes Phänomen, als eine kurze Zeitlang jede Sekunde etwa 1000 Meteore über den Himmel blitzten! Einige Beobachter erzählten, die Sternschnuppen seien wie „Schnee gefallen“.

In jeder klaren Nacht kann man normalerweise mindestens eine leuchtende Sternschnuppe sehen. Manche sind kaum sichtbar und andere wiederum hell genug, um Schatten zu werfen. Die meisten sind so hell wie ein durchschnittlicher Stern und leicht auszumachen.

Der bekannteste Krater der Erde ist der riesige „Meteorkrater“ in Arizona, USA. Er hat einen Durchmesser von 1,2 Kilometern, ist mehr als 183 Meter tief und nur aus der Luft in seinen ganzen Ausmaßen zu erkennen. Der Krater entstand vor 50 000 Jahren, als ein großer Meteorit von dreißig Metern Durchmesser und einem Gewicht von mehr als 100 000 Tonnen auf der Erde einschlug.

Astronomie

Was ist Astronomie?

Astronomie (griech. „Sternkunde“) ist die Lehre von den Himmelskörpern und eine der ältesten Wissenschaften der Welt. Schon vor 5000 Jahren beobachteten die Menschen mit bloßem Auge die Bewegung von Sonne, Mond und Sternen und teilten danach die Zeit ein. Heute läßt sich das Universum von Sternwarten aus mit modernsten Hilfsmitteln in millionenfacher Vergrößerung beobachten.

Was ist Astrologie?

Astrologie hat mit moderner Astronomie nichts zu tun. Astrologie nennt man die Beobachtung und Deutung der Sterne, um daraus Aufschluß über das Leben der Menschen zu gewinnen. Astrologen berechnen die Stellung, die die Sterne zur Geburtsstunde eingenommen haben. Anschließend erstellen sie ein Horoskop, aus dem angeblich hervorgeht, wie das Leben des Menschen verläuft. Menschliches Leben ist jedoch unabhängig vom Gang der Gestirne. Astrologie ist ein Aberglauben.

Was ist ein Observatorium?

Observatorien sind Sternwarten zur Beobachtung von Himmelskörpern. Große Observatorien stehen meist auf Bergen, wo die Luft sehr klar und trocken ist, und fernab von Städten, weil deren helles Licht selbst bei Nacht die Himmelsbeobachtung beeinträchtigt.

Warum gibt es in Äquatornähe besonders viele Observatorien?

In Äquatornähe kann man fast alle Sterne der nördlichen und der südlichen Hemisphäre sehen. Außerdem ist der Himmel dort besonders klar. Auch für Raumfahrtzentren ist ein Standort in Äquatornähe günstig. Die Rotationsgeschwindigkeit der Erde ist dort am höchsten, was den Start von Raumschiffen zusätzlich beschleunigt und ihnen hilft, der Anziehungskraft der Erde rasch zu entkommen.

Was ist ein Planetarium?

Um die Planetenbewegungen anschaulich darzustellen, schuf man besondere Geräte, sogenannte Planetarien. Ursprünglich handelte es sich dabei um einfache mechanische Modelle. Das erste Modell wurde um 220 v. Chr. von Archimedes konstruiert und gebaut. Heute versteht man unter Planetarium einen kuppelförmigen, verdunkelten Raum, an dessen Decke die Himmelserscheinungen dargestellt werden. Planetarien dienen Lehrzwecken, um Sterne, Sonne, Mond, Planeten und deren Bewegungen naturgetreu darzustellen.

Hatten die ersten Astronomen Teleskope?

Der altgriechische Astronom Thales behauptete mit Recht, daß 585 v. Chr. eine Sonnenfinsternis eintreten würde. Das war 2000 Jahre vor der Erfindung des Teleskops. Anstelle von Teleskopen hatten die damaligen Astronomen einfache Instrumente, um die Höhe von Sonnen, Sternen und Planeten zu messen.

Chinesische Astronomen, dargestellt auf einem Gobelin in der Neuen Residenz Bamberg. Das Gerät rechts im Bild ist eine Armillasphäre. Die beweglichen Ringe stellen die wichtigsten Himmelskreise dar.

Wer behauptete als erster, daß sich die Erde um die Sonne dreht?

Der griechische Astronom Aristarchos von Samos behauptete bereits im Jahre 206 v. Chr., daß sich die Erde und die Planeten um die Sonne bewegen. Doch die meisten Menschen konnten nicht glauben, daß sich die Erde bewegt. Erst im 16. Jahrhundert, also mehr als 1800 Jahre später, nach Erfindung des Teleskops konnte seine Behauptung durch Galileo Galilei bestätigt werden.

Wer entdeckte, daß die Erde rund ist?

Da ein Schiff am Horizont verschwindet, dachten die Menschen lange, daß die Erde rund sein müsse. Doch erst als im 16. Jahrhundert ein Schiff um die Welt segelte, war dies bewiesen. Lange zuvor, etwa um 240 v. Chr., errechnete der griechische Astronom Eratosthenes den richtigen Umfang der Erde. Doch zu dieser Zeit konnte niemand glauben, daß die Erde so groß sei.

Wer war Tycho Brahe?

Er war ein dänischer Astronom (1546–1601), der die Planeten beobachtete. Dabei konnte er noch kein Fernrohr benutzen, da es erst nach seinem Tod erfunden wurde. Brahe arbeitete mit Winkelmeßgeräten. Er hatte ein anderes Weltbild als Kopernikus: Bei Brahe kreisten die Sonne und der Mond um die Erde, während die restlichen Planeten um die Sonne kreisten.

Wer erfand das Teleskop?

Hans Lippershey, ein holländischer Brillenmacher, erfand 1608 das Fernrohr. Er – oder ein Assistent – bemerkte, daß Dinge näher erschienen, wenn man durch zwei Linsen schaute. Lippershey montierte die Linsen an eine Röhre und schuf so das erste Fernrohr. Ein Jahr später, 1609, baute der italienische Astronom Galileo Galilei ein Teleskop und machte zahlreiche wichtige Entdeckungen wie beispielsweise, daß die Milchstraße aus Einzelsternen besteht.

Womit beschäftigt sich die Astrophysik?

Die Astrophysik ist eine Schwesterwissenschaft der Astronomie. Sie erforscht den Aufbau, die Zusammensetzung, den physikalischen Zustand sowie die Entwicklung der Himmelskörper.

Welcher Planet wurde als erster entdeckt?

Die fünf Planeten, die uns am nächsten sind – Merkur, Venus, Mars, Jupiter und Saturn – kannte man schon zu frühgeschichtlichen Zeiten. 1781 entdeckte der Astronom Wilhelm Herschel, während er die Sterne durchs Teleskop erforschte, durch Zufall einen neuen Planeten. Er wurde Uranus genannt. Eigentlich kann man Uranus mit bloßem Auge sehen, doch niemand hatte bemerkt, daß es ein Planet ist.

Das Teleskop von Wilhelm Herschel, mit dem er unter anderem den Planeten Uranus entdeckte.

Wie konnten Astronomen die Entdeckung zweier Planeten voraussagen?

Im Jahre 1846 behaupteten ein britischer und französischer Astronom, daß ein unbekannter Planet die Umlaufbahn des Planeten Uranus störe. Unabhängig voneinander errechneten sie, wo der neue Planet am Himmel zu finden sein müsse. Er wurde von einem deutschen Astronomen genau dort entdeckt, wo ihn die beiden anderen Astronomen prophezeit hatten. Der neue Planet wurde Neptun genannt. Störungen in seiner Umlaufbahn führten 1930 zur Entdeckung des Planeten Pluto.

Wie stellten sich die Menschen das Universum vor?

Eine mittelalterliche Darstellung des Ptolemäus

Für die Menschen der Vorzeit war der Nachthimmel ein gewaltiges Tierfell, und die Sterne waren winzige Risse in der Haut, hinter der sich die feurige Welt ihrer Götter verbarg.

Die Ägypter verehrten den Sternenhimmel als ihre Göttin Nut, während die Babylonier die Erde als eine von Wasser und Bergen umgebene Scheibe betrachteten.

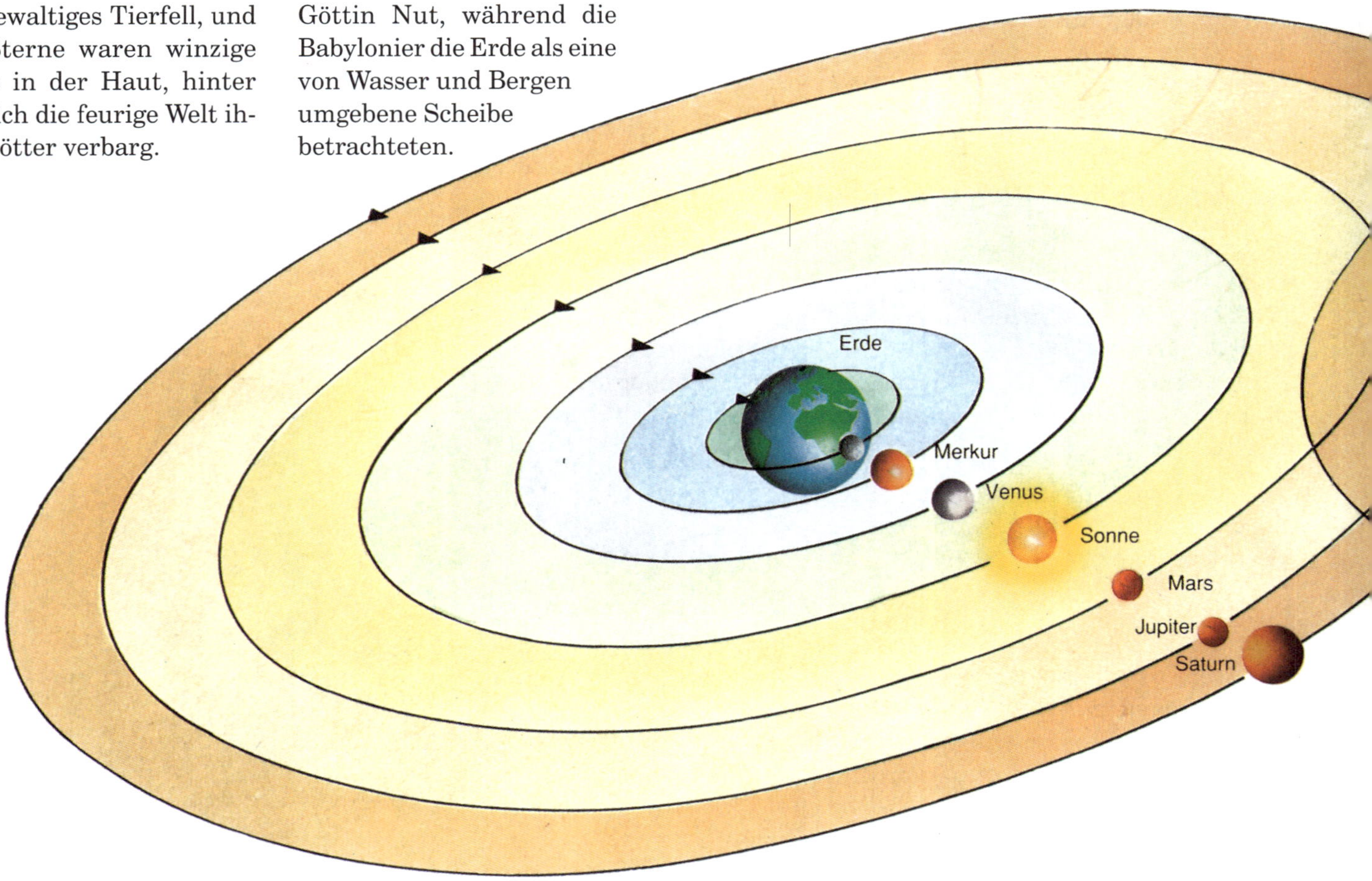

Der Grieche Pythagoras dachte, die Erde sei eine feststehende Kugel. Aristoteles versuchte, mathematisch zu beweisen, daß sich die Sonne und die Planeten um die Erde bewegten. Der in Alexandria lebende Forscher Ptolemäus bestätigte diese Ansicht, und sein Modell des Sonnensystems, bei dem die Erde im Mittelpunkt stand, wurde nach ihm das „Ptolemäische Universum“ oder das „Ptolemäische System“ genannt.

Galilei

Über sechzig Jahre nach Kopernikus fand ein italienischer Wissenschaftler, Galileo Galilei, den Beweis für die Theorie des Kopernikus: Er entdeckte, daß Jupiter von vier winzigen „Sternen“ umkreist wird und daß sich die Venus in Phasen von einer schmalen Sichel in eine volle Scheibe verwandelt. Diese Phasen ließen sich nur damit erklären, daß die Venus die Sonne und nicht die Erde umkreiste! Diese Entdeckung veränderte unser Weltbild.

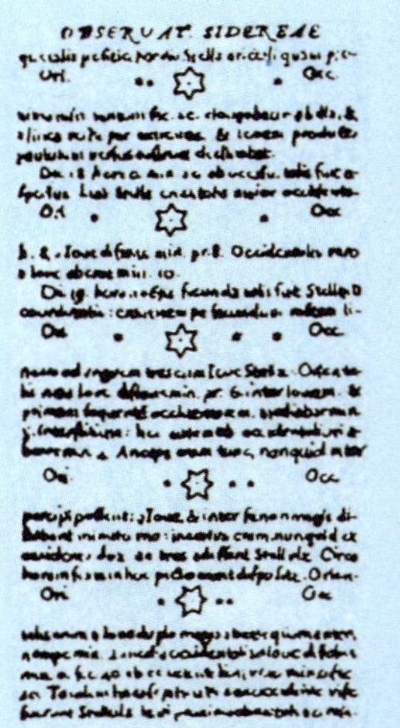

Nikolaus Kopernikus

Im Jahr 1543, über 1500 Jahre nach Ptolemäus, behauptete der polnische Astronom und Mathematiker Nikolaus Kopernikus, daß die Theorie des Ptolemäus zu kompliziert und verwirrend sei. Seiner Meinung nach sprach weit mehr dafür, die Sonne in den Mittelpunkt des Sonnensystems zu setzen. Diese revolutionäre Ansicht wurde von der Kirche nicht gerne gehört, die weiterhin am Ptolemäischen System festhielt.

Das Weltraumteleskop Hubble wurde 1990 vom Space Shuttle in eine Umlaufbahn gebracht. Mit diesem Teleskop wollten die Astronomen unsere Vorstellungen vom Universum ebenso umkrempeln wie Galilei 1610 mit seinem winzigen Teleskop. Aber erst nachdem die Astronauten 1993 Hubble repariert hatten, waren auf den Bildern bisher verborgene Einzelheiten zu sehen. Viele unbekannte Sterne und Galaxien wurden entdeckt.

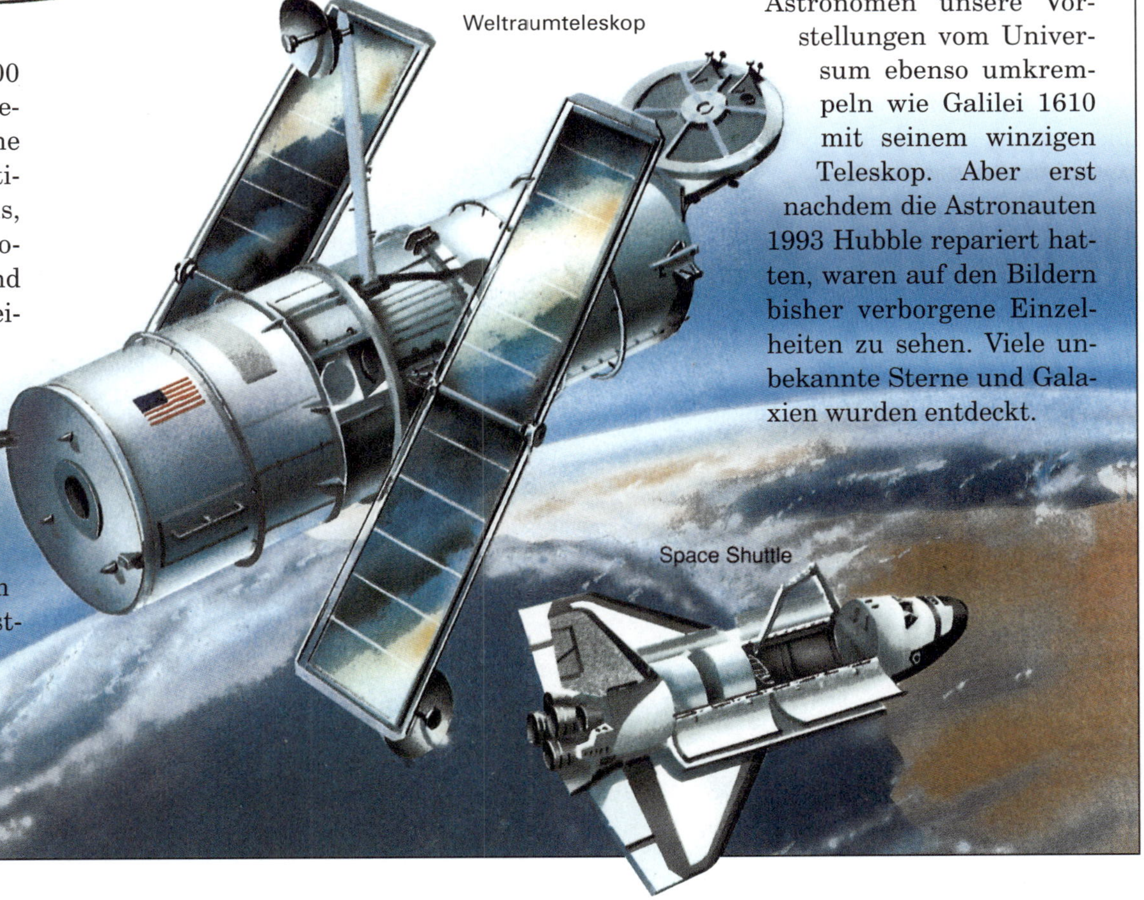

Wer war die sogenannte Himmelspolizei?

Lange Zeit wurde zwischen Mars und Jupiter ein weiterer Planet vermutet. Im Jahr 1800 taten sich sechs europäische Astronomen zusammen, um eine regelrechte Jagd nach dem unbekannten Planeten zu veranstalten. Man nannte diese Gruppe die „Himmelspolizei“. Sie entdeckte vier große Asteroiden und löste sich dann 1807 auf. Heute weiß man, daß sich zwischen Mars und Jupiter viele tausend Asteroiden befinden. Sie bilden den sogenannten „Asteroidengürtel“.

Kann man mit einem Teleskop in die Vergangenheit schauen?

Beim Blick durch ein Teleskop sieht man Galaxien, die viele Millionen Lichtjahre entfernt sind. Das heißt, man sieht sie nicht so, wie sie heute aussehen, sondern so, wie sie ausgesehen haben, als sie das Licht aussandten, das heute zu uns gelangt. Und das ist viele Millionen Jahre her. Der Blick durch das Teleskop ist also auch ein Blick in die Vergangenheit.

Was ist ein Linsenteleskop?

Das Linsenteleskop ist die einfachste Art des Teleskops. Eine Linse am vorderen Ende bündelt das einfallende Licht und erzeugt ein auf dem Kopf stehendes Bild. Eine Umkehrlinse in der Mitte des Teleskops richtet das Bild wieder auf. Durch ein Okular, eine Art Lupe, kann man das Bild betrachten.

Was ist ein Spiegelteleskop?

Spiegelteleskope sind riesige Teleskope mit einem Durchmesser von mehreren Metern. Sie machen Sterne sichtbar, deren Licht Millionen oder Milliarden von Jahren benötigt, um zur Erde zu gelangen.

Wie funktioniert ein Spiegelteleskop?

Beim Spiegelteleskop werden statt Linsen große Hohlspiegel verwendet. Sie sammeln das Licht und erzeugen ein Bild des betrachteten Gegenstandes, das auf einen Planspiegel und von dort auf das Okular fällt.

Wo steht das größte Spiegelteleskop der Welt?

Das größte Spiegelteleskop steht auf Hawaii. Es besteht aus einem 36teiligen Spiegelsystem und hat einen Durchmesser von 10 Metern. Das größte Teleskop aus einem einzigen Spiegel ist mit einem Durchmesser von 6 Metern in Rußland in Betrieb. Astronomen schauen heute nicht mehr selbst durch Teleskope: elektronische Empfänger speichern die Daten im Computer.

Was ist ein Weltraumteleskop?

Ein Weltraumteleskop ist ein Teleskop, das in eine Umlaufbahn gebracht wird und von dort Bilder zur Erde funkt. Im luftleeren Raum gelingen besonders klare Aufnahmen, die nicht durch die Erdatmosphäre verzerrt werden.

Wer war Edwin Hubble?

Edwin Hubble (1889 bis 1953) war zunächst Jurist, wandte sich aber dann der Astronomie zu. In den zwanziger Jahren unseres Jahrhunderts erforschte er Sternensysteme außerhalb unserer eigenen Galaxis und versuchte, deren Entfernung zu uns zu bestimmen und die Geschwindigkeit zu berechnen, mit der sich das Weltall ausdehnt (das heißt, mit der sich Galaxien voneinander entfernen). Diese Geschwindigkeit wird als Hubble-Konstante bezeichnet. Außerdem unterteilte er die Sternensysteme in Spiralnebel, Balkennebel und irreguläre Nebel. Nach Edwin Hubble wurde ein Weltraumteleskop benannt, das seit 1994 Bilder vom Mond liefert.

Was ist das Hubble-Weltraumteleskop?

Das Hubble-Teleskop ist eine Art Riesefernrohr. Es ist ein Spiegelteleskop von 13 Metern Länge und 11 000 Kilogramm Gewicht, mit dem sich auf dem Mond Objekte von rund 100 Meter Größe erkennen lassen. Die Raumfähre Discovery brachte das Teleskop im April 1990 auf eine Umlaufbahn in 600 Kilometern Entfernung zur Erde. Leider lief nicht alles wie geplant; sowohl der Spiegel des Teleskops als auch eines der Sonnensegel funktionierten nicht wie gewünscht. Beide Bauteile wurden in den Jahren 1993 und 1994 ausgetauscht. Seither liefert das Hubble-Teleskop Bilder, die die Wissenschaftler immer wieder begeistern.

Was ist ein Radioteleskop?

Himmelskörper senden nicht nur Licht, sondern auch unsichtbare Strahlen aus, zum Beispiel Radiowellen. Dies fand der Ingenieur K. G. Jansky 1931 heraus, als er die Quelle von Radiostörungen suchte. Mit Hilfe von Radioteleskopen können Astronomen diese Strahlung einfangen und daraus Rückschlüsse auf die Beschaffenheit der Himmelskörper ziehen. Radioteleskope sehen aus wie riesige Antennenschüsseln.

Das Radioteleskop von Arecibo an der Nordküste von Puerto Rico.

Wo steht das größte Radioteleskop der Welt?

Das Radioteleskop mit der größten und leistungsfähigsten Parabolantenne der Welt steht an der Nordküste von Puerto Rico. Die Antenne hat einen Durchmesser von 305 Metern (das entspricht der Länge von 3 Fußballfeldern) und kann Objekte am Rande des Universums wahrnehmen. In Effelsberg in der Eifel befindet sich das größte schwenkbare Radioteleskop der Welt. Es wurde 1971 in Betrieb genommen und ist 3048 Tonnen schwer. Die Antenne hat einen Durchmesser von 100 Metern und ist weithin sichtbar.

Welche Signale können wir von Sternen und Galaxien empfangen?

Außer Radiowellen senden Sterne und andere Himmelskörper noch weitere unsichtbare Strahlen aus, die wir mit leistungsfähigen Teleskopen empfangen können, zum Beispiel Röntgenstrahlen und Ultraviolettstrahlen. Sie liefern uns wichtige Informationen über das Universum und werden wissenschaftlich ausgewertet.

Welche Aufgabe erfüllt ein Spektroskop?

Weißes Licht besteht aus einer Mischung von Wellen unterschiedlicher Länge. Jede Wellenlänge entspricht einer bestimmten Farbe. Wenn weißes Licht durch ein Prisma in ein Band von Farben zerlegt wird, nennt man dieses Band ein Spektrum. Das Spektroskop zeigt das Spektrum des Sternenlichts und liefert den Astronomen wichtige Informationen über die Beschaffenheit der Sterne.

Was versteht man unter Rotverschiebung?

Das Spektrum des Sternenlichts gibt unter anderem Aufschluß darüber, wie schnell sich ein Stern bewegt. Wenn sich ein Stern von der Erde entfernt, verändert sich das Spektrum und scheint sich in den roten Bereich zu verschieben. Je stärker diese Rotverschiebung ist, desto schneller entfernt sich der Stern von der Erde. Alle Galaxien weisen in ihren Spektren eine Rotverschiebung auf.

Gibt es auch unterirdische Observatorien?

In den USA gibt es ein Observatorium in einer 1600 Meter tiefen Mine mit einem riesigen Tank, der als „Teleskop“ dient. Damit können Neutrinos nachgewiesen werden.

Was sind Neutrinos?

Sterne senden winzige Teilchen aus, die kleiner sind als Atome. Die meisten dieser Neutrinos können unseren Planeten ungehindert durchdringen. Mit besonderen Geräten tief unter der Erde kann man vereinzelte Teilchen als Lichtblitze nachweisen. Wissenschaftler erhoffen sich davon Aufschlüsse über die Sonne und explodierende Sterne.

Sternbilder

Wer gab den Sternbildern ihre Namen?

Schon die Menschen des Altertums entdeckten, daß mehrere Sterne miteinander Muster bilden, und gaben jedem Bild einem Namen. Die Ägypter hatten ihre eigenen Methoden ebenso wie die Chinesen und andere. Die Sternbilder, die wir verwenden, z.B. Ursa Major, der Große Bär, oder Orion, der Jäger, gehen auf die alten Griechen zurück, allerdings in lateinischer Sprache. Hätten wir eines der anderen Systeme benutzt, sähen unsere Sternkarten heute ganz anders aus, obwohl die Sterne dieselben wären.

Wie viele Sternbilder gibt es?

Ptolemäus unterschied 48 Sternbilder, die alle noch in unseren modernen Sternkarten enthalten sind. Seither sind besonders am Südhimmel weitere Sternbilder hinzugekommen. Ptolemäus, der im 2. Jahrhundert v. Chr. in Ägypten lebte, konnte diese Sternbilder nicht sehen, weil sie dort niemals über dem Horizont erscheinen. Insgesamt unterscheiden wir heute 88 Sternbilder.

Welches ist das größte Sternbild?

Das größte Sternbild ist die Wasserschlange oder Hydra. Sie besteht aus 68 mit bloßem Auge sichtbaren Sternen. Das gesamte Sternbild umfaßt fast sechs Prozent des gesamten Himmels.

Welches ist das bekannteste Sternbild am nördlichen Sternenhimmel?

Der Große Bär bzw. das Bild der sieben hellsten Sterne, der Große Wagen, ist in unseren Breiten am bekanntesten. Er ist bei klarem Himmel eine wichtige Navigationshilfe.

Wo befinden sich Pendeluhr, Mikroskop und Luftpumpe?

Einige der Sternbilder am Südhimmel haben technische Namen, zum Beispiel Pendeluhr (Horologium), Mikroskop (Microscopium) und Luftpumpe (Antlia Pneumatica). Es handelt sich um Sternbilder, die der französische Astronom Nicolas-Louis de Lacaille 1752 in seinen Karten des südlichen Himmels verzeichnet hat und die bis heute Gültigkeit haben. Lacaille wollte mit diesen Namen an bedeutende wissenschaftliche Entdeckungen erinnern.

Welches ist das kleinste Sternbild?

Das kleinste Sternbild ist Crux Australis, das Kreuz des Südens, das zwar nicht ganz wie ein Kreuz geformt, aber sehr deutlich am südlichen Sternenhimmel zu erkennen ist. Das Kreuz des Südens ist ein vergleichsweise „junges" Sternbild. Es wurde erst im 17. Jahrhundert benannt, als europäische Seeleute den Pazifischen Ozean befuhren und das Sternbild am Himmel entdeckten.

Welche Länder führen ein Sternbild in der Flagge?

Die australische und auch die neuseeländische Flagge zeigen beide das Kreuz des Südens als weiße beziehungsweise rote Sterne auf blauem Grund. Die 51 Sterne der amerikanischen Flagge haben nichts mit dem Sternenhimmel zu tun, sondern versinnbildlichen die einzelnen Bundesstaaten.

Ein Astrolabium aus dem 16. Jahrhundert. Dieses astronomische Meß- und Beobachtungsgerät diente gleichzeitig als Sternenuhr.

Welche Jahreszeit eignet sich am besten zur Sternenbeobachtung?

In nördlichen Breiten ist der Winter die beste Jahreszeit zur Sternenbeobachtung. Dann steht Orion hoch am Himmel, ein Sternbild aus vielen hellen Sternen, das man gut als Wegweiser nutzen kann.

Welches ist der am weitesten entfernte Stern, den man mit bloßem Auge erkennen kann?

Bei Dunkelheit öffnet sich die Pupille im menschlichen Auge ungefähr 7 bis 8 Millimeter weit. Der Lichteinfall durch diese im Vergleich zu Teleskopen winzige Linse genügt, um den Andromeda-Nebel zu erkennen, der 2 Millionen Lichtjahre entfernt ist.

Sind alle Sterne eines Sternbildes gleich weit von uns entfernt?

Wenn Sterne am Himmel scheinbar dicht beieinander liegen oder uns gleich hell erscheinen, so muß dies keineswegs auch in Wirklichkeit so sein. Ein großer, weit entfernter Stern kann ebenso hell wirken wie ein kleiner, aber näher gelegener Stern. Die Sternbilder setzen sich aus Sternen zusammen, die in Wirklichkeit nichts miteinander zu tun haben.

Wann erschien der erste Sternenatlas?

Der deutsche Astronom Johann Bayer gab im Jahre 1603 einen Sternenatlas heraus mit dem Titel „Uranometria". Der Atlas basierte auf den Beobachtungen und Berechnungen des Dänen Tycho Brahe, und erstmals wurden darin die Sterne je nach ihrer Helligkeit mit griechischen Buchstaben gekennzeichnet. Daher gilt die „Uranometria" als erster moderner Sternenatlas.

Was ist astronomische Navigation?

Schon im 3. Jahrhundert vor Christus benutzten arabische Seeleute ein einfaches Winkelmeßgerät, das Astrolabium, um anhand der Gestirne ihre Position auf See zu berechnen und die Richtung zu bestimmen, die zum Ziel führte. Erst sehr viel später, im 14. Jahrhundert, wurde dieses Gerät in Europa bekannt. Der daraus hervorgegangene Sextant wird noch heute benutzt, um den Stand der Sterne zu bestimmen.

Können Vögel sich an den Sternen orientieren?

Vögel besitzen die geheimnisvolle Fähigkeit, auch über lange Strecken sicher zum Ziel zu finden. So kehrt der Halsbandschnäpper, ein kleiner heimischer Singvogel, jedes Jahr aus dem afrikanischen Winterquartier in dieselbe Bruthöhle zurück. Auf seinem langen Flug orientiert er sich am Tag an der Sonne und bei Nacht an den Sternen. Die Veränderungen am Sternenhimmel bezieht er in seine Kursberechnungen ein. Bei bedecktem Himmel hilft das Magnetfeld der Erde bei der Navigation.

Welcher Stern scheint fest am Himmel zu stehen?

Durch die Drehung der Erde scheinen sich die meisten Sterne langsam über den Himmel zu bewegen, ähnlich wie die Sonne tagsüber. Eine Ausnahme ist der Polarstern. Er scheint stillzustehen, genau über dem Nordpol. Der Polarstern ist der hellste Stern im Sternbild Kleiner Bär (Ursa Minor) und bildet dessen Schwanzspitze.

Wie wurde in Arabien die Sehkraft geprüft?

Vor 1000 Jahren testeten die Araber ihr Augenlicht an einem der sieben Sterne, die den großen Wagen bilden. Der zweite Stern in der Gabel des Wagens besitzt einen kleinen Begleitstern. Wer diesen mit bloßem Auge erkennen konnte, verfügte über eine gute Sehkraft.

Wie kann man mit Hilfe eines Fotoapparates die Erdrotation beweisen?

Wenn man bei Nacht den Sternenhimmel photographiert und eine Belichtungszeit von mehreren Stunden wählt, erhält man eine Aufnahme, auf der die Sterne nicht als Punkte, sondern als gebogene Linien zu sehen sind. Die Linien markieren den scheinbaren Weg der Sterne während der Belichtungszeit. In Wirklichkeit ist es natürlich die Erde, die sich um ihre Achse dreht und die Sterne und andere Himmelskörper täglich auf- und untergehen läßt.

Welcher Stern kann von überall gesehen werden?

Den Orion kann man von jedem Land der Erde aus sehen, da sein Sternbild vom Himmelsäquator gekreuzt wird.

Wie sieht der Nördliche Sternenhimmel aus?

Die sternbedeckte Kugel des Nachthimmels läßt sich in zwei unterschiedliche, vom Himmelsäquator getrennte Hälften oder „Himmelshemisphären“ unterteilen. Jede dieser Hemisphären weist interessante Erscheinungen auf wie z.B. Nebel, Sternhaufen und Sternbilder, die seit vielen Hunderten von Jahren katalogisiert und in Himmelskarten erfaßt werden. Der **Große Bär** (Ursa Major) ist eines der bekanntesten von den 88 Sternbildern und enthält das bekannteste Sternbild überhaupt – den Großen Wagen, der seinen Namen daher hat, daß er wie ein Leiterwagen aussieht. Seine gebogene Deichsel bildet gleichzeitig den Schwanz des Bären.

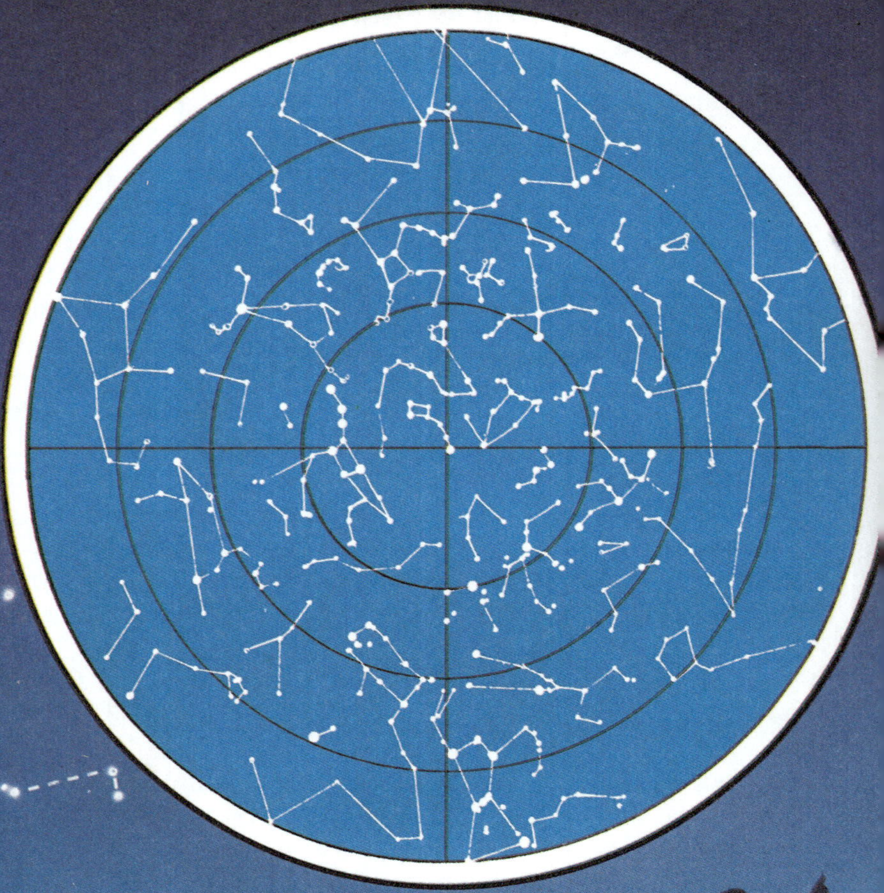

Die Sterne der nördlichen Hemisphäre mit Polaris, dem Polarstern, im Zentrum.

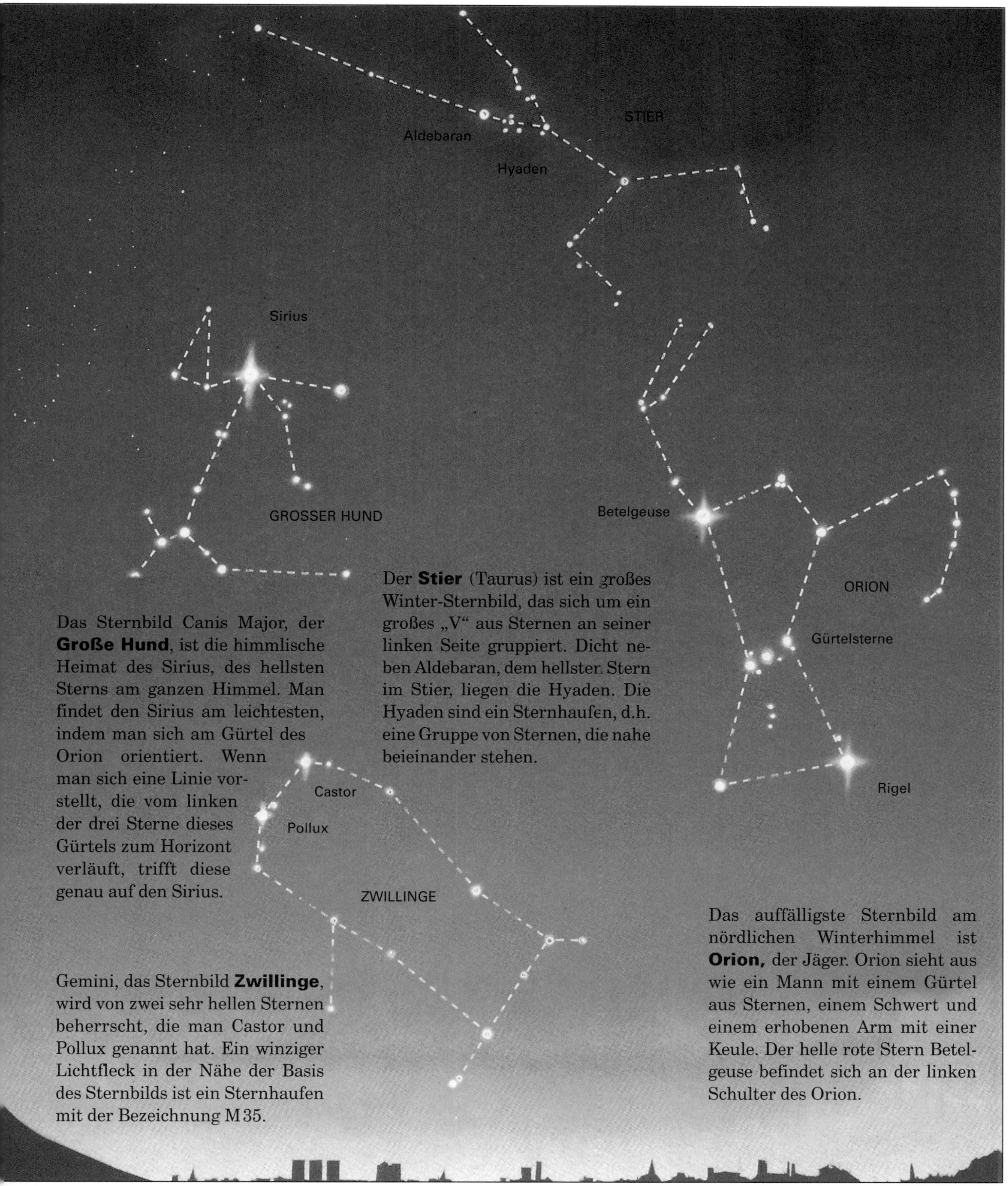

Das Sternbild Canis Major, der **Große Hund**, ist die himmlische Heimat des Sirius, des hellsten Sterns am ganzen Himmel. Man findet den Sirius am leichtesten, indem man sich am Gürtel des Orion orientiert. Wenn man sich eine Linie vorstellt, die vom linken der drei Sterne dieses Gürtels zum Horizont verläuft, trifft diese genau auf den Sirius.

Der **Stier** (Taurus) ist ein großes Winter-Sternbild, das sich um ein großes „V" aus Sternen an seiner linken Seite gruppiert. Dicht neben Aldebaran, dem hellsten Stern im Stier, liegen die Hyaden. Die Hyaden sind ein Sternhaufen, d.h. eine Gruppe von Sternen, die nahe beieinander stehen.

Gemini, das Sternbild **Zwillinge**, wird von zwei sehr hellen Sternen beherrscht, die man Castor und Pollux genannt hat. Ein winziger Lichtfleck in der Nähe der Basis des Sternbilds ist ein Sternhaufen mit der Bezeichnung M35.

Das auffälligste Sternbild am nördlichen Winterhimmel ist **Orion,** der Jäger. Orion sieht aus wie ein Mann mit einem Gürtel aus Sternen, einem Schwert und einem erhobenen Arm mit einer Keule. Der helle rote Stern Betelgeuse befindet sich an der linken Schulter des Orion.

Wie sieht der Südliche Sternenhimmel aus?

Das ist eine Karte der südlichen Himmelshemisphäre. Sie enthält alle wichtigen Sternbilder und ihre helleren Sterne und soll Euch dabei helfen, diese in einer klaren Nacht am Sternenhimmel zu erkennen. Natürlich kann eine solche Karte nicht die Positionen des Mondes und der Planeten verzeichnen, da diese sich von Woche zu Woche ändern.

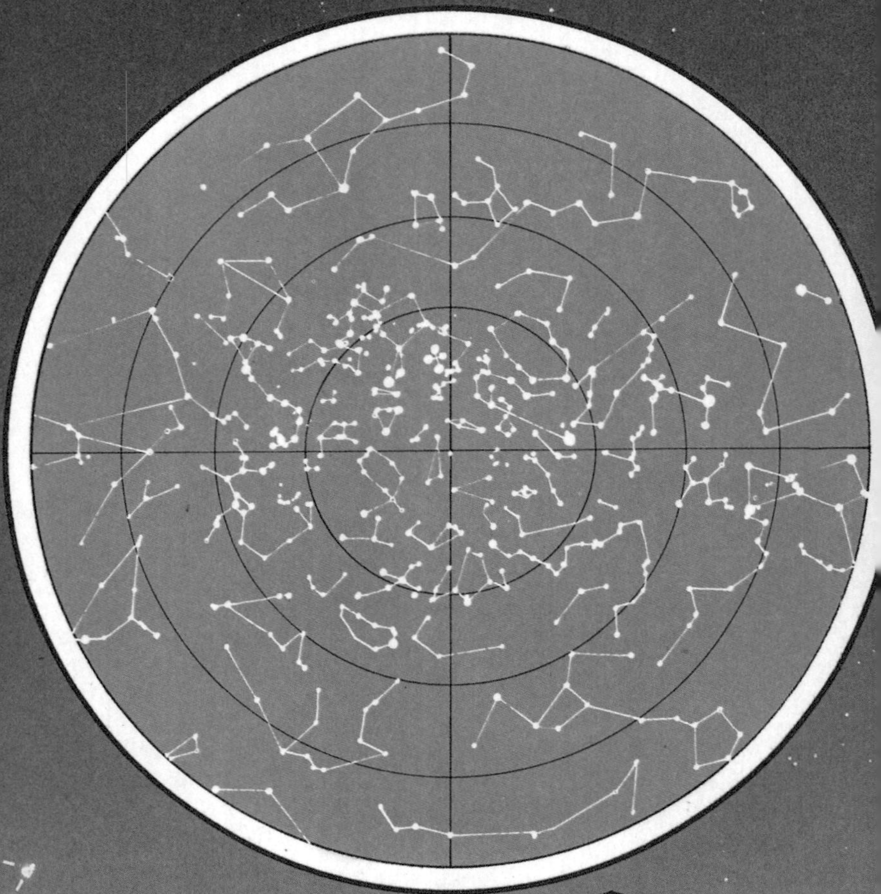

Das große, bedeutende Sternbild **Centaurus**, der Zentaur, ist die Heimat von Alpha Centauri – des Sternes, der unserem Sonnensystem am nächsten steht. In Wirklichkeit handelt es sich bei Alpha Centauri um ein System aus drei Sternen, das etwas mehr als vier Lichtjahre von uns entfernt liegt. Proxima, der blasseste der drei, ist näher als die anderen beiden.

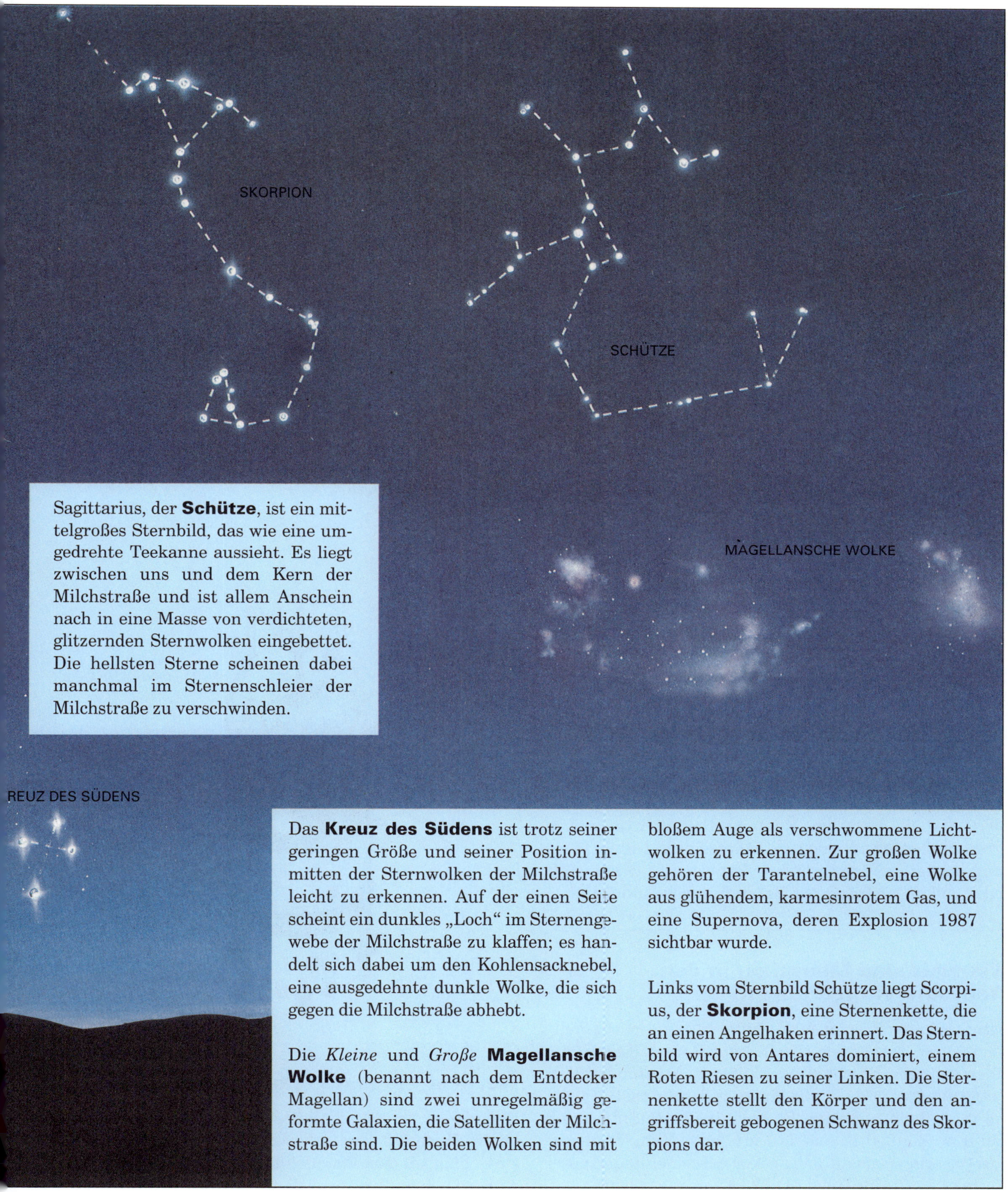

Sagittarius, der **Schütze**, ist ein mittelgroßes Sternbild, das wie eine umgedrehte Teekanne aussieht. Es liegt zwischen uns und dem Kern der Milchstraße und ist allem Anschein nach in eine Masse von verdichteten, glitzernden Sternwolken eingebettet. Die hellsten Sterne scheinen dabei manchmal im Sternenschleier der Milchstraße zu verschwinden.

Das **Kreuz des Südens** ist trotz seiner geringen Größe und seiner Position inmitten der Sternwolken der Milchstraße leicht zu erkennen. Auf der einen Seite scheint ein dunkles „Loch" im Sternengewebe der Milchstraße zu klaffen; es handelt sich dabei um den Kohlensacknebel, eine ausgedehnte dunkle Wolke, die sich gegen die Milchstraße abhebt.

Die *Kleine* und *Große* **Magellansche Wolke** (benannt nach dem Entdecker Magellan) sind zwei unregelmäßig geformte Galaxien, die Satelliten der Milchstraße sind. Die beiden Wolken sind mit bloßem Auge als verschwommene Lichtwolken zu erkennen. Zur großen Wolke gehören der Tarantelnebel, eine Wolke aus glühendem, karmesinrotem Gas, und eine Supernova, deren Explosion 1987 sichtbar wurde.

Links vom Sternbild Schütze liegt Scorpius, der **Skorpion**, eine Sternenkette, die an einen Angelhaken erinnert. Das Sternbild wird von Antares dominiert, einem Roten Riesen zu seiner Linken. Die Sternenkette stellt den Körper und den angriffsbereit gebogenen Schwanz des Skorpions dar.

Raumfahrt

Wer beschrieb mehr als 100 Jahre vor der ersten Mondlandung eine Reise zum Mond?

Der französische Schriftsteller Jules Verne (1828 bis 1905) gilt als Begründer der Science Fiction. 1865 schilderte er eine verblüffend zukunftsweisende Fahrt zum Mond. Das Mondfahrzeug, ein Zwischending zwischen Hohlgranate und Zugabteil, wird mit einer gigantischen Kanone ins Weltall geschossen. Die drei Astronauten umkreisen den Mond in einer Umlaufbahn und kehren nach zahlreichen Abenteuern wieder zur Erde zurück.

Wer war der größte russische Raumfahrtpionier?

Konstantin Ziolkowsky (1857 bis 1935) war ein russischer Schullehrer und Wissenschaftler. Im Jahre 1903 (als die Gebrüder Wright ihren ersten Flug schafften) errechnete er, daß der einzige Weg in den Weltraum über eine Rakete mit Flüssigtreibstoff führte. Seine Ideen inspirierten spätere Ingenieure, solche Raketen zu bauen.

Warum fliegen wir nicht mit Flugzeugen ins All?

Für das luftleere Weltall sind herkömmliche Flugzeuge ungeeignet, weil die Triebwerke Luft benötigen. Eine Rakete dagegen braucht keine Luft. Sie wird durch den Schub der ausströmenden Gase angetrieben und funktioniert deshalb auch im Vakuum. Raumfahrttechniker arbeiten aber bereits an einem Fahrzeug, das wie ein Flugzeug startet, in der Erdatmosphäre den Luftsauerstoff nutzt und im Weltraum auf Raketenantrieb umschaltet.

Wie weit sind Menschen in den Weltraum vorgedrungen?

Astronaut oder Kosmonaut bedeutet zwar soviel wie Weltraumfahrer. Tatsächlich aber hat der Mensch bislang nur einen winzigen Bruchteil des Universums erkundet. Den Entfernungsrekord hält die Mannschaft von Apollo 13, die mit ihrer Raumkapsel am 15. April 1970 eine Entfernung von etwa 400 000 Kilometern erreichte. Zum Vergleich: Juri Gagarin war neun Jahre zuvor mit seiner Raumkapsel Wostok 1 bis in eine Höhe von 327 Kilometer gelangt.

Wird man eines Tages Urlaub im Weltraum machen können?

Das ist nicht ausgeschlossen. Der deutsch-amerikanische Raumfahrtkonzern DaimlerChrysler Aerospace (Dasa) hat bereits Pläne für ein Space Hotel entwickelt, eine frei im Weltraum schwebende Konstruktion, die an ein Riesenrad erinnert und an der 56 Wohnmodule aufgehängt sind. Die Kosten für das Weltraumhotel betragen mindestens 30 Milliarden Mark. Eröffnung wird frühestens im Jahre 2030 sein. Noch nicht geklärt ist allerdings die Frage, wie die Touristen zum Hotel gelangen.

Wer war der erste Mann im Weltraum?

Ein russischer Kosmonaut (Astronaut) namens Juri Gagarin war der erste Mensch im All. Am 12. April 1961 startete er an Bord des Raumschiffs Wostok 1 und umrundete einmal die Erde, bevor er 1 Stunde und 48 Minuten später wieder landete.

Wostok 1

Wer war die erste Frau im Weltraum?

Die erste Frau, die ins All flog, war die russische Kosmonautin Valentina Tereschkowa. Im Juni 1963 machte sie einen Flug mit dem Raumschiff Wostok 6. Sie blieb 3 Tage an Bord und umflog 48mal die Erde.

Wann flog das erste Raumschiff ins Weltall?

Die erste Rakete, die jenseits der Atmosphäre ins All flog, war eine amerikanische Rakete, die 1949 abgefeuert wurde. Das erste richtige Raumschiff aber war der erste Satellit, der die Erde umkreiste. Es war der russische Satellit Sputnik 1, der am 4. Oktober 1957 in den Weltraum katapultiert wurde. Kein Mensch oder Tier war an Bord. Statt dessen enthielt es Maschinen, die über Funk Informationen an die Erde zurücksandten.

Welche Geschwindigkeit erreicht ein Raumschiff?

Um den Mond oder einen Planeten zu erreichen muß ein Raumschiff mit einem Tempo, das man Fluchtgeschwindigkeit nennt, die Erde verlassen. Das sind 11 Kilometer pro Sekunde oder 40 000 Kilometer pro Stunde – schnell genug, um in einer Stunde einmal um die Erde zu kreisen. Dieses Tempo wird einige Hundert Kilometer über der Erde erreicht, und dann fliegt das Raumschiff ohne Antrieb zu seinem Ziel. Erreicht es die Fluchtgeschwindigkeit nicht, fällt es zur Erde zurück oder kreist unentwegt um sie herum.

Haben wir jemals Signale aus dem Weltraum empfangen?

Ein amerikanischer Radiotechniker namens Karl Jansky hörte 1931 seltsame Funkgeräusche. Als er ihrem Ursprung nachging, entdeckte er, daß sie von den Sternen kamen. Das liegt daran, daß Sterne und Galaxien, genauso wie das Licht, Radiowellen produzieren. 1967 beobachtete eine britische Astronomin namens Jocelyn Bell Burnell ein An/Aus-Signal aus dem All. Es kam von einem Neutronenstern, genannt Pulsar.

Wie groß und wie stark ist die größte Weltraumrakete?

Die größte Rakete ist die russische Energiya, die 1987 von der UdSSR entwickelt wurde. Sie wiegt 2500 Tonnen und erzielt beim Start eine Schubkraft von 4000 Tonnen. Die amerikanische Rakete Saturn V, die von 1969–1972 die Apollo-Astronauten in den Weltraum beförderte, war 111 Meter hoch – etwa 20mal so hoch wie ein zweistöckiges Haus – und produzierte beim Start die enorme Schubkraft von vierzig Jumbo-Jets.

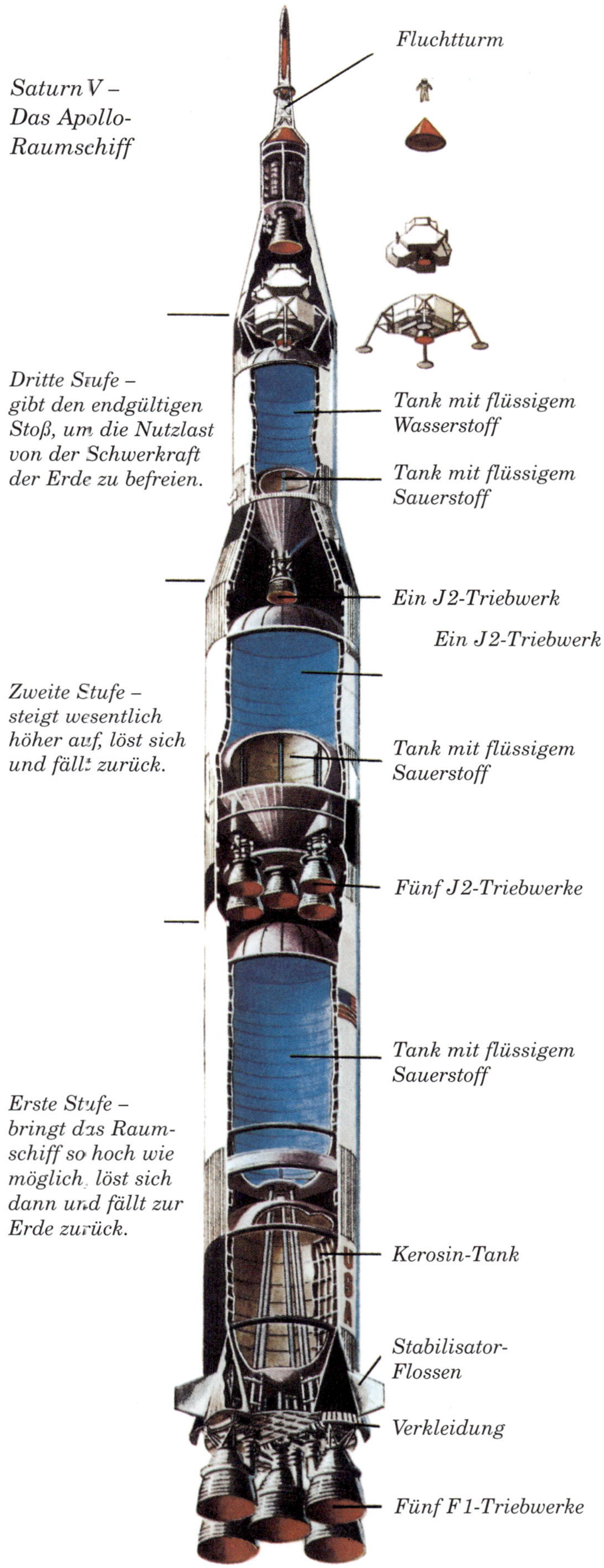

Wer betrat als erster Mensch den Mond?

Am 21. Juli 1969 entstieg der Astronaut Neil Armstrong dem Landegerät von Apollo 11, das kurz zuvor gelandet war, und betrat als erster Mensch den Mond. Ihm folgte kurze Zeit später Edwin Aldrin. Das dritte Besatzungsmitglied von Apollo 11, Michael Collins, steuerte das in der Umlaufbahn verbliebene Raumschiff.

Edwin Aldrin, der zweite Mensch auf dem Mond.

Was ist das gefährlichste an einem Raumflug?

Die größte Gefahr für den Astronauten ist das Ende des Raumflugs. Wenn ein Raumschiff aus dem All zurückkommt, ist es ungeheuer schnell. Sobald es die oberen Schichten der Atmosphäre erreicht, beginnt es sich durch den rasenden Luftstrom aufzuheizen. Diese Hitze kann das Raumschiff rotglühend werden lassen und die Astronauten töten. Um es kühl zu halten und die Astronauten zu schützen, hat das Raumschiff einen Hitzeschild an der Unterseite. Dieser muß nach vorn zeigen, wenn das Raumschiff die Atmosphäre erreicht – sonst verbrennt es.

Was ist die „NASA"?

Die NASA ist die zivile US-Weltraumbehörde, die Satelliten und Raumschiffe in den Weltraum schickt. Die Abkürzung bedeutet „National Aeronautics and Space Administration".

Was sagte Neil Armstrong, als er als erster Mensch den Mond betrat?

Viele Millionen Menschen auf der ganzen Erde hörten am 21. Juli 1969 die berühmten Worte, die Neil Armstrong sprach, als er seinen Fuß auf die Mondoberfläche setzte. „One small step for man, one giant leap for mankind". Ein kleiner Schritt für einen Menschen, ein großer Sprung für die Menschheit. Angeblich stammten die Worte von dem amerikanischen Schriftsteller Norman Mailer, der von der NASA beauftragt gewesen sein soll, einen Ausspruch für diesen Moment zu dichten.

Wie oft landeten Menschen auf dem Mond?

Innerhalb des Apollo-Programms gab es sechs erfolgreiche Mondlandungen. Apollo 13 im April 1970 führte beinahe zur Katastrophe, weil sich auf dem Hinflug eine Explosion ereignete; die geplante Mondlandung mußte aufgegeben werden. Obwohl es in der Zwischenzeit eine Reihe von unbemannten Flügen gegeben hat, zuletzt die Clementine-Mission im Jahre 1994, hat seit 1972 kein Mensch mehr den Mond betreten.

Wie schnell fährt ein Mondauto?

Bei den letzten drei Apollo-Missionen hatten die Astronauten ein zusammenklappbares Mondauto dabei. So konnten sie viel größere Gebiete erkunden, als das zu Fuß in schweren Raumanzügen möglich gewesen wäre. Von Batterien angetrieben, erreicht ein Mondauto eine Geschwindigkeit von etwa 16 Kilometern pro Stunde – das Tempo eines Marathonläufers.

Wozu hatten die Mondlandefähren Draht an Bord?

Ohne die Stütze hätte sich die amerikanische Flagge, die nach jeder Landung gehißt wurde, nicht sichtbar für die Welt aufgerichtet, denn auf dem Mond weht kein Wind.

David Scott, Kommandeur von Apollo 15, grüßt die Fahne. Rechts im Bild das bei dieser Mission erstmals eingesetzte Mondauto.

Wie viele Menschen erlebten die erste Mondlandung mit?

Die Landung der Apollo 11 auf dem Mond am 21. Juli 1969 war ein großes Medienereignis. Mehr als 500 Millionen Zuschauer aus aller Welt verfolgten die Mondlandung live am Fernsehschirm.

Wer war der erste Deutsche im Weltraum?

Am 26. August 1978 startete Sigmund Jähn, damals Oberleutnant der Luftwaffe der DDR, zusammen mit dem russischen Kosmonauten Bykoskij im Raumschiff Sojus 31 als erster Deutscher ins All. Sie koppelten am Saljut 6/Sojus 29 an, führten Experimente durch und kehrten am 3. September 1978 mit Sojus 29 wieder zur Erde zurück. Im Herbst 1983 gehörte der Stuttgarter Physiker Ulf Merbold zur siebenköpfigen Besatzung der Raumfähre Columbia, die während eines Aufenthaltes von zehn Tagen wissenschaftliche Experimente zur Schwerelosigkeit durchführte.

Wer verbrachte die längste Zeit im Weltraum?

Der russische Kosmonaut Musa Manarow verfügt über die längste Weltraumerfahrung. Nach Beendigung seiner letzten Weltraummission am 20. Mai 1991 hatte er insgesamt 541 Tage, 31 Minuten und 10 Sekunden im All zugebracht.

Wie lautete der erste Funkspruch aus dem All?

„Ich sehe die Welt in Dunst gehüllt“, waren die ersten Worte, die aus dem All zur Erde gefunkt wurden. Der Funkspruch stammt von Juri Gagarin, der am 12. April 1961 an Bord des Raumschiffes Wostok 1 („Osten“) die Erde umkreiste. Die Landung der Amerikaner auf dem Mond erlebte Gagarin nicht mehr. Er kam 1968 bei einem Flugzeugabsturz ums Leben.

Wie lange brauchte Apollo 11 für die Reise zum Mond?

Hundertzwei Stunden und fünfundvierzig Minuten nach dem Start von Apollo 11 setzte die Landefähre auf der Mondoberfläche auf. Der Aufenthalt auf dem Mond dauerte 21 Stunden und 37 Minuten. Und nach insgesamt acht Tagen, drei Stunden und achtzehn Minuten Flug hatte die Erde die drei Mondfahrer Neil Armstrong, Edwin Aldrin und Michael Collins wieder.

Wo setzte die Mondlandefähre von Apollo 11 auf?

Die „Eagle“ (Adler) setzte am Rande des Mare Tranquillitatis auf, dem Meer der Ruhe. Die beiden Astronauten absolvierten den Landeanflug im Stehen; auf Sitze war aus Gewichtsgründen verzichtet worden. Neil Armstrong hatte in hundertfünfzig Meter Höhe die bis dahin automatische Steuerung übernommen. Da der ursprünglich vorgesehene Landeplatz unvorhergesehenerweise mit Felsbrocken übersät war (sie waren auf den bis dahin vorliegenden Mondaufnahmen nicht zu sehen gewesen), beschleunigte er die „Eagle“ kurzentschlossen und hielt nach einem besser geeigneten Landeplatz Ausschau. Die Landung glückte, als sich nur noch für 38 Sekunden Treibstoff an Bord befand.

Wer war der bisher älteste Mensch im Weltraum?

Am 29. Oktober 1998 brach der 77jährige US-Senator und Astronaut John Glenn an Bord der US-Raumfähre Discovery zu einem neuntägigen Flug ins All auf. Damit war er der bisher älteste Mensch im Weltraum. Glenn verfügte über Weltraumerfahrung: Bereits 36 Jahre zuvor, im Februar 1962, hatte er an Bord einer Mercury-Kapsel als erster Amerikaner die Erde umrundet.

Was ist Quarantäne?

Für den Fall, daß sie auf dem Mond durch Mikroorganismen verseucht worden wären, mußten die zur Erde zurückgekehrten Apollo-Astronauten zunächst in Quarantäne. Quarantäne nennt man die Zeit, die Menschen oder Tiere, die mit ansteckenden Krankheiten in Berührung gekommen sind, von anderen abgesondert werden. Das Wort Quarantäne stammt aus dem Französischen und bedeutet „Zeitraum von 40 Tagen". So lange dauerte früher die Hafensperre für Schiffe, die aus Seuchengebieten kamen. Heute richtet sich die Dauer der Quarantäne nach Art der Krankheit.

Wie lange bleiben Astronauten im Weltraum?

In der Frühzeit der Raumfahrt waren die Ausflüge ins All nur von kurzer Dauer, wenige Stunden oder Tage. Heute aber halten sich die Astronauten Wochen oder Monate im Weltraum auf. Manche bleiben länger als ein Jahr in einer Raumstation. Raumflüge sind teuer, also nutzen sie die Zeit so gut wie möglich.

Wie sieht ein Raumanzug aus?

Ein Raumanzug muß den Astronauten mit Sauerstoff versorgen, Kohlendioxid aus der Atemluft entfernen und den atmosphärischen Druck aufrechterhalten. Sehr wichtig ist auch das dunkel getönte Gesichtsvisier, das vor den Strahlen der Sonne schützt. Der Helm verfügt über eine eingebaute Kamera. Die Raumanzüge, die bei den Shuttle-Flügen getragen werden, bestehen aus 15 Schichten Kunststoff mit eingebautem Kühlsystem, um die Körpertemperatur konstant zu halten. Da die Anzüge luftundurchlässig sind, tragen Astronauten spezielle Unterwäsche, die den Schweiß auffängt.

Was ist ein Orbiter?

Der Orbiter ist der Teil der Raumfähre, in dem Passagiere und Fracht transportiert werden und der zur Erde zurückkehrt. Beim Eintauchen in die Atmosphäre erreicht die Außenhülle des Orbiters Temperaturen von bis zu 1600 Grad Celsius. Der Luftwiderstand verringert die Geschwindigkeit so weit, daß eine sichere Landung ermöglicht wird. Sie erfolgt im Segelflug auf einer speziellen Landebahn. Die Geschwindigkeit bei einer Landung beträgt etwa 350 Kilometer pro Stunde.

Welches war das erste wiederverwendbare Raumfahrzeug?

Das erste wiederverwendbare Raumfahrzeug war die US-Raumfähre Columbia, die 1981 zu ihrem ersten Transportflug ins All aufbrach. Die NASA besitzt heute vier Raumfähren, die alle nach berühmten Schiffen benannt wurden: Atlantis, Columbia, Discovery und Endeavour. Die Raumfähre Challenger explodierte am 28. Januar 1986 nur 73 Sekunden nach dem Start. Alle sieben Besatzungsmitglieder, zwei Frauen und fünf Männer, kamen ums Leben.

Über welche Schubkraft verfügt eine Raumfähre?

Obwohl eine Raumfähre kaum größer ist als ein Flugzeug, startet sie mit der Schubkraft von 140 Jumbojets. Sie wird von zwei Raketen angetrieben. Der Start erfolgt senkrecht. Wenn die Raketentriebwerke ausgebrannt sind, sinken sie an Fallschirmen zur Erde zurück, werden geborgen und können beim nächsten Mal wiederverwendet werden. Der riesige Treibstofftank wird abgestoßen und verglüht in der Atmosphäre.

Eine Raumfähre startet mit der Schubkraft von 140 Jumbojets.

Was ist ein Space Shuttle?

Ein Space Shuttle ist eine US-amerikanische Raumfähre. Sie ist so groß wie ein Flugzeug und bietet Platz für acht Personen. Im Unterschied zu einer Rakete, die beim Flug zerstört wird, kann es zur Erde zurückkehren und mit neuem Treibstofftank wieder starten. Ein Shuttle ist somit ein kostengünstiger Raumtransporter.

Wann gab es die erste Raumstation?

Anfang der 70er Jahre nahmen die ersten Raumstationen ihren Betrieb auf. Die Russen leisteten mit der Station Saljut 1 (1971) Pionierarbeit. Die Amerikaner brachten 1973 die Station Skylab ins All, die allerdings beim Start beschädigt wurde. Die erste Besatzung mußte die Station im Weltraum reparieren, bevor der Betrieb aufgenommen werden konnte. Anschließend verbrachten je drei Astronauten darin nacheinander 28, 59 und 86 Tage.

Kann man Raumstationen von der Erde aus sehen?

Raumstationen bewegen sich auf einer relativ niedrigen Umlaufbahn und leuchten heller als Satelliten. Die Raumstation Mir konnte man unter günstigen Bedingungen (späte Abendstunden und frühe Morgendämmerung) leicht ausmachen.

Gibt es Haustiere an Bord einer Raumstation?

Haustiere sind an Bord einer Raumstation zwar verboten, doch gab es zum Beispiel auf der Mir häufig Begleiter aus dem Tierreich, darunter Spinnen und Fische; sie dienten Forschungszwecken.

Wozu dienen Sportgeräte an Bord einer Raumstation?

Das Leben in einer Raumstation ist nicht leicht. Die Astronauten leben auf engstem Raum und in der Schwerelosigkeit. Damit in der Enge und Schwerelosigkeit die Muskeln und Gelenke nicht geschwächt werden, müssen die Astronauten regelmäßiges Körpertraining betreiben, zum Beispiel an einem Heimtrainer.

Werden Menschen jemals die Planeten und Sterne erreichen?

Kein Raumschiff ist kraftvoll genug, die Menschen zu den Planeten zu befördern. Planeten werden daher von Raumsonden, d.h. unbemannten Flugkörpern, erforscht. Die Sterne sind so weit entfernt, daß ein Raumschiff bei Höchstgeschwindigkeit 20 000 Jahre brauchen würde, um den nächsten Stern zu erreichen. Es ist unwahrscheinlich, daß Menschen jemals dorthin fliegen.

Wann wurde die Raumstation Mir in Betrieb genommen?

Die russische Raumstation Mir umrundet seit 1986 die Erde. Sie wurde von zahlreichen Astronauten genutzt, die von einer Raumfähre an Bord gebracht wurden. Die Mir besteht aus verschiedenen nacheinander im Weltraum zusammengefügten Teilen. Sie hat sechs Andockstellen, so daß weitere Teile angefügt werden könnten. Auch der amerikanische Space Shuttle könnte an sie andocken, um den Bau einer internationalen Raumstation vorzubereiten. Mir bedeutet Frieden.

Wieviel wiegen wir im Weltraum?

Würden wir durch das All reisen, hätten wir während der meisten Zeit des Fluges gar kein Gewicht! Nur wenn die Maschinen zu Beginn und Ende des Fluges zünden, würden wir etwas wiegen. Ansonsten würden wir in der Kabine unseres Raumschiffes durch die Luft schweben, weil es keine Schwerkraft gibt, die den Astronauten am Boden der Kabine halten kann.

Können Menschen im Weltraum leben?

Im All gibt es nichts, was Menschen am Leben erhält – keine Luft, kein Wasser, keine Nahrung. Ohne Schutz würde man in wenigen Sekunden sterben. Ein Raumschiff verfügt über Wasser, Luft und Nahrung für die Astronauten. Draußen müssen sie Raumanzüge tragen, die einen Vorrat an Luft oder Sauerstoff, notfalls auch an Wasser und Proviant haben. Ein Raumanzug hat Kühl- oder Heizsysteme, denn im Weltraum kann es extrem heiß oder kalt sein – je nachdem, ob sich der Astronaut im Sonnenschein bewegt oder nicht.

Wer unternahm den ersten Weltraumausstieg?

Den ersten Weltraumausstieg absolvierte am 18. März 1965 der Russe Alexej Leonow. Er verließ sein Raumschiff Woschod II durch eine Luftschleuse. Als sich die Tür des Raumschiffes hinter ihm geschlossen hatte, wurde in der Luftschleuse der Druck abgelassen. Dann öffnete Leonow die Ausstiegsluke und kletterte ins All hinaus. Leonow verbrachte siebzehn Minuten allein im All und filmte dabei mit einer tragbaren Fernsehkamera. Der Astronaut Edward White unternahm drei Monate später, im Juni 1965, den ersten amerikanischen Weltraumspaziergang.

Wann begann die Raumfahrt?

Schon 970 n. Chr. benutzten die Chinesen einen „Raketenpfeil“: Ein mit Schießpulver gefülltes Bambusrohr an der Spitze eines langen Pfeils.

Während des Zweiten Weltkriegs bauten deutsche Wissenschaftler eine Rakete, um damit London vom Kontinent aus anzugreifen. Jede V 2-Rakete war vierzehn Meter hoch, hatte eine Reichweite von 320 Kilometern und trug 1000 Kilogramm Sprengstoff. Nach dem Krieg halfen die V 2-Wissenschaftler Amerika bei der Entwicklung einer Weltraumrakete.

Der erste künstliche Satellit der Welt, Sputnik 1, wurde am 4. Oktober 1957 von der Sowjetunion gestartet. Verglichen mit unseren heutigen großen Kommunikationssatelliten war Sputnik 1 nichts weiter als eine winzige, polierte Metallkugel von der Größe eines Wasserballs, in die man einen Sender eingebaut hatte.

Im April 1961 flog Juri Gagarin als erster Mensch in den Weltraum. Mit Wostok 1, einem ursprünglich unbemannten Satelliten, den man umgebaut hatte, umkreiste er 1 Stunde und 18 Minuten lang die Erde und kehrte 108 Minuten nach dem Start wieder zurück. Der erste Amerikaner im Weltraum war Alan Shepard, der 1961 in seiner Mercury-Kapsel nur einen weiten Bogen flog. Die erste Erdumkreisung gelang den Amerikanern erst 1962 mit John Glenn.

Wostok 1 und Juri Gagarin

Sputnik 1

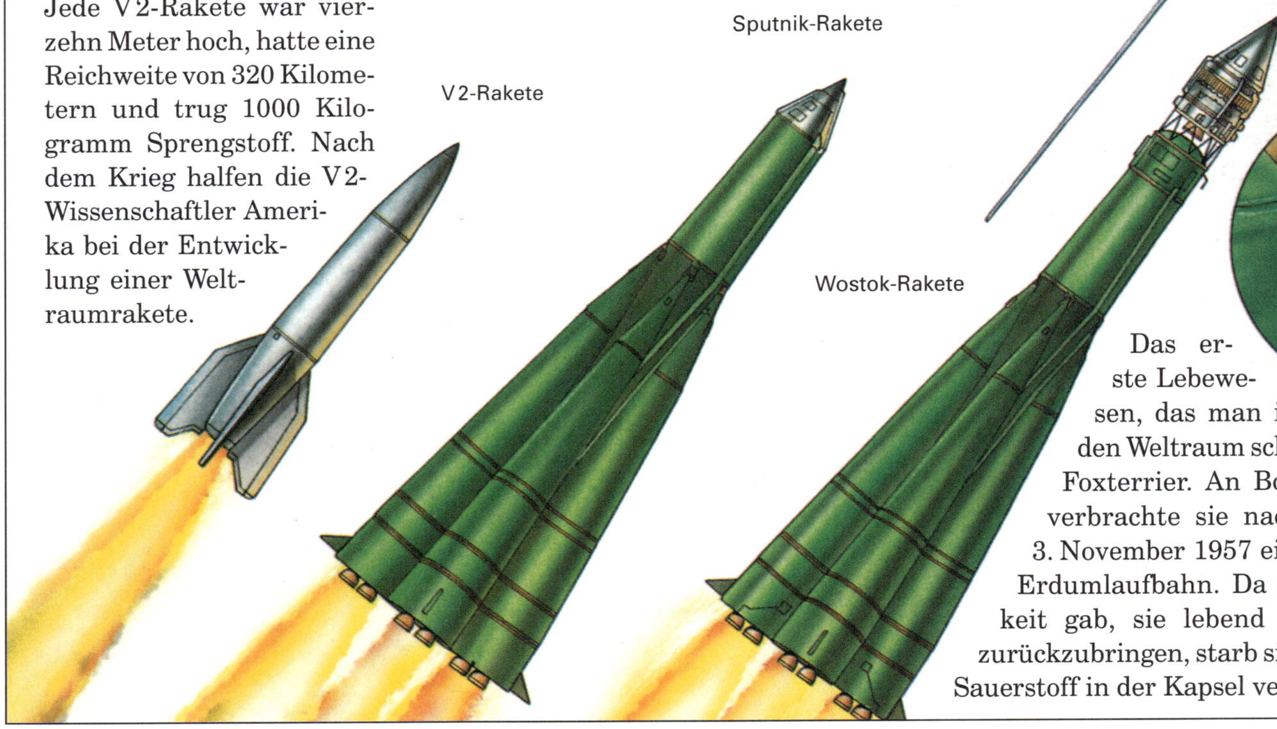

Sputnik-Rakete

V 2-Rakete

Wostok-Rakete

Laika, das erste Tier im Weltraum

Das erste Lebewesen, das man in den Weltraum schoß, war Laika, ein Foxterrier. An Bord von Sputnik 2 verbrachte sie nach dem Start am 3. November 1957 eine Woche in einer Erdumlaufbahn. Da es keine Möglichkeit gab, sie lebend wieder zur Erde zurückzubringen, starb sie im Schlaf, als der Sauerstoff in der Kapsel verbraucht war.

Durch das eine Milliarde Dollar teure Gemini-Programm sammelte man ab 1965 Erfahrungen mit dem Ankoppeln von Raumfahrzeugen und bereitete damit die Reise von Astronauten zum Mond vor.

Die Weltraumstation Skylab (1973) war eine umgebaute Raketenstufe, in die man Räume für Experimente, Arbeitsplätze für die Astronauten und Wohnquatiere eingebaut hatte. Die Besatzungen von Skylab flogen in einem extra dafür gebauten Apollo-Raumschiff dorthin. Die Energie für Skylab wurde von Solarzellen geliefert, die auf zwei großen, flügelähnlichen Platten befestigt waren. Erst durch den 13jährigen Betrieb der russischen Raumstation Mir wurden ab 1986 so viele Erfahrungen gesammelt, daß man den Aufbau einer großen Raumstation wagen konnte.

Wer gewann den Wettlauf zum Mond?

Die Sowjetunion war das erste Land, dem es 1959 mit seiner unbemannten Mondsonde Luna gelang, den Mond zu erreichen. Die erste Sonde, Luna 1, schickte zwar Informationen, aber keine Bilder zur Erde. Zehn Monate später machte Luna 3 Fotos von der dunklen Seite des Mondes, die bisher noch kein Mensch gesehen hatte. Am 31. Januar 1966 landete die neunte Luna-Sonde auf dem Mond und kehrte mit den ersten Fotos von der Mondoberfläche zur Erde zurück.

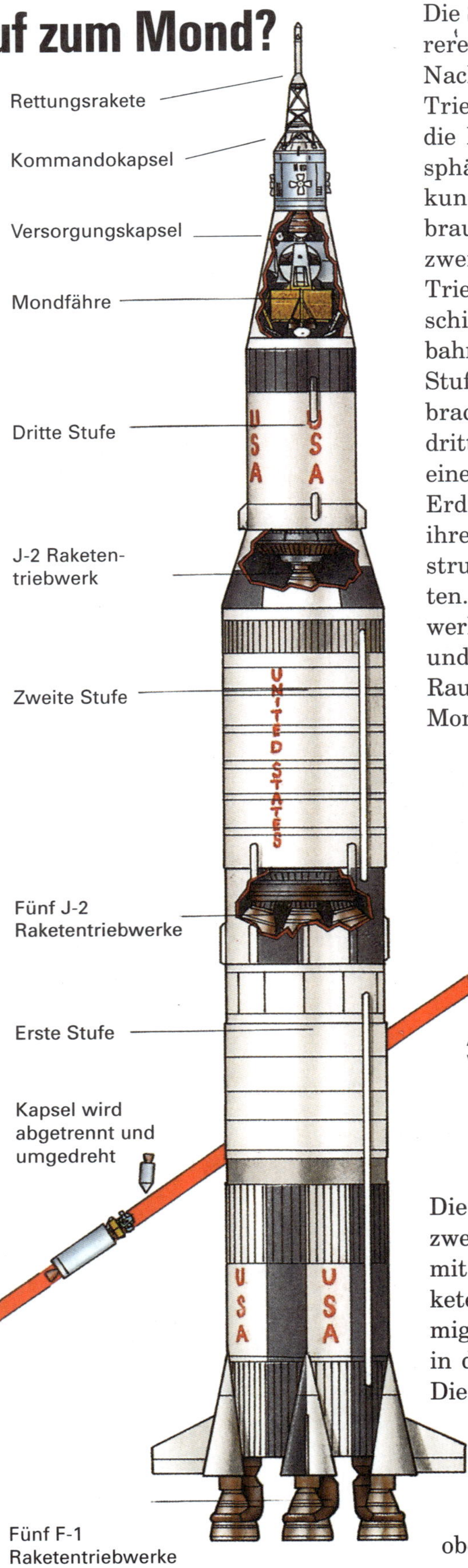

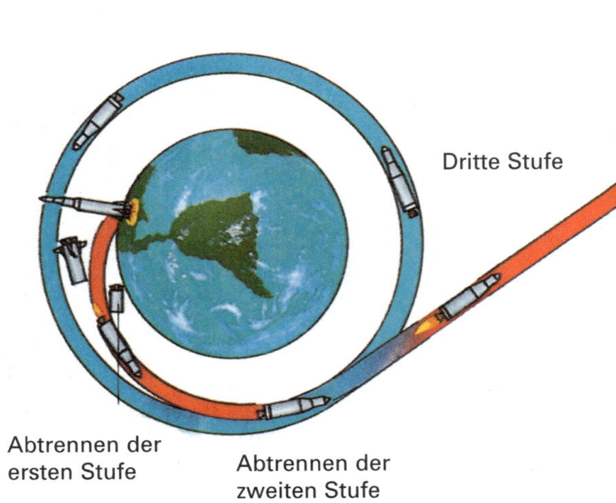

Die Saturn 5 bestand aus mehreren Teilen oder „Stufen“. Nach dem Start trugen die Triebwerke der ersten Stufe die Rakete hoch in die Atmosphäre, bis nach nur 154 Sekunden ihr Treibstoff verbraucht war. Danach trat die zweite Stufe in Aktion. Ihre Triebwerke trugen das Raumschiff fast bis in die Umlaufbahn. Als der Treibstoff dieser Stufe ebenfalls verbraucht war, brachten die Triebwerke der dritten Stufe das Raumschiff in eine „Parkumlaufbahn“ um die Erde, damit die Astronauten ihre Ausrüstung und ihre Instrumente überprüfen konnten. Dann zündeten die Triebwerke der dritten Stufe erneut und schickten das Apollo-Raumschiff auf den Weg zum Mond.

Die Saturn 5-Rakete führte zwei verschiedene Raumschiffe mit sich. An der Spitze der Rakete befand sich die kegelförmige Apollo-Kommandokapsel, in der die Astronauten saßen. Die Kommandokapsel war auf die Mondfähre aufgesetzt – ein spinnenähnliches Raumschiff, das die Astronauten zur Mondoberfläche hinunterbrachte.

Die Apollo-Astronauten nahmen ihre Nahrung aus kleinen Tuben zu sich, in die sie vorher Wasser gossen, um ein Essen zu machen, das angeblich wie „zermatschte Maus“ schmeckte.

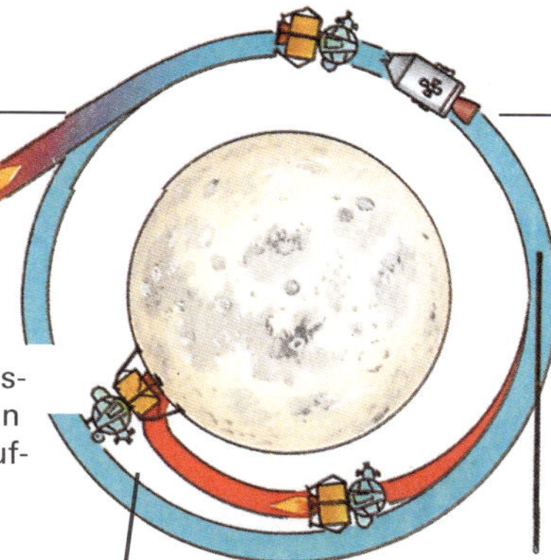

Während des Fluges war die Kommandokapsel an die Mondfähre angehängt beziehungsweise „angedockt“. Sobald die beiden Raumfahrzeuge sich in einer Umlaufbahn um den Mond befanden, kletterten zwei Mannschaftsmitglieder in die Mondfähre. Der dritte Astronaut blieb in der Kommandokapsel. Danach wurden die beiden Raumfahrzeuge voneinander getrennt. Die Kommandokapsel umkreiste weiter den Mond, während die Mondfähre zur Mondoberfläche abstieg.

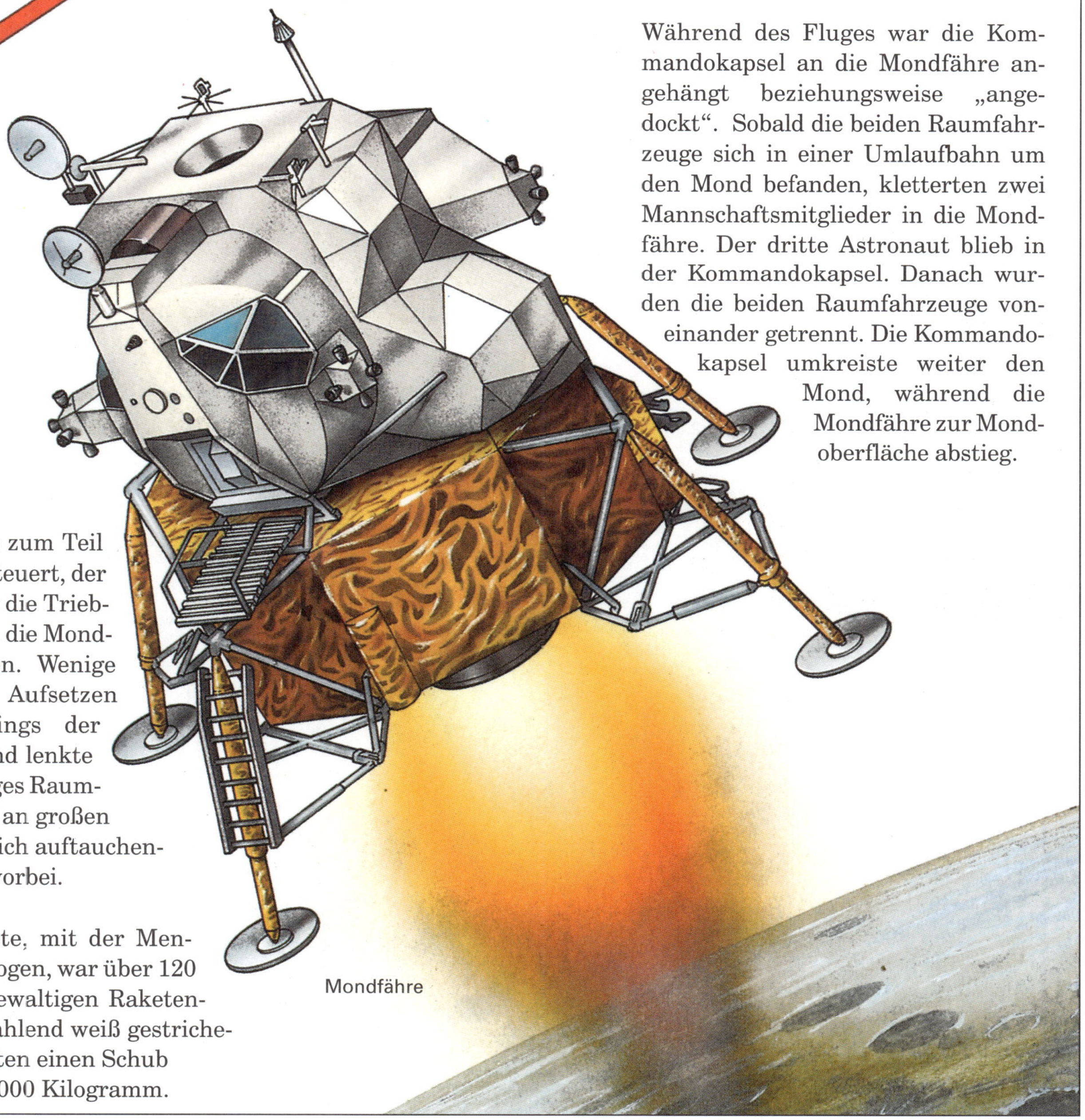

Mondfähre

Der Abstieg wurde zum Teil vom Computer gesteuert, der immer wieder kurz die Triebwerke zündete, um die Mondfähre abzubremsen. Wenige Minuten vor dem Aufsetzen übernahm allerdings der Pilot das Steuer und lenkte sein storchenbeiniges Raumfahrzeug geschickt an großen Kratern und plötzlich auftauchenden Geröllfeldern vorbei.

Die Saturn 5-Rakete, mit der Menschen zum Mond flogen, war über 120 Meter hoch. Die gewaltigen Raketentriebwerke der strahlend weiß gestrichenen Rakete erzeugten einen Schub von mehr als 3402000 Kilogramm.

Wie sieht es auf dem Mond aus?

Die Mondfähre kam bei der Apollo 9-Mission im März 1969 zum allerersten Mal zum Einsatz.
Eine der wichtigsten Aufgaben der Astronauten bestand darin, Gesteins- und Bodenproben vom Mond zur Erde mitzubringen, damit man sie dort analysieren und studieren konnte. Zu diesem Zweck bohrten sie mit Spezialbohrern Löcher in den Mondboden und zogen lange zylinderförmige Gesteinsproben heraus.
Die Apollo 11-Mission kostete mehr als 355 Millionen Dollar!
Wegen des begrenzten Luftvorrats konnten sich die Astronauten nicht lange von der Mondfähre entfernen. Die NASA stattete die Mannschaften von Apollo 15, 16 und 17 mit Mondautos aus, damit sie sich in einem größeren Umkreis bewegen konnten. Diese von elektrischen Batterien angetriebenen „Strand-Buggies" hatten eine lange Antenne, über die sie mit der Erde in Verbindung standen.
Die Astronauten bauten auch verschiedene wissenschaftliche Experimente auf dem Mond auf, die weiterliefen, nachdem die Astronauten wieder abgeflogen waren.

Mondstaub

Kommandant Neil Armstrong stellte fest, daß die Mondoberfläche fest und sicher und von einer Schicht aus feinem, pudrigem Staub bedeckt war, der an seinen Stiefeln kleben blieb wie „nasser Sand". Da es auf dem Mond keine Luft und somit auch keinen Wind gibt, werden die Fußabdrücke dort für ewig erhalten bleiben.

Der Mond ist eine kahle Welt ohne jedes Leben, und da er keine Atmosphäre hat, ist sein Himmel schwarz und kalt. Da er kleiner als die Erde ist, erscheint der Horizont sehr nahe. Die Apollo-Astronauten berichteten, sie hätten unter ihren Füßen sogar die Krümmung des Bodens gespürt. Der Mond ist eine grau-braune Hügellandschaft, die über und über mit Geröll und Gesteinsbrocken bedeckt ist.

Bei der Apollo 14-Mission 1971 benutzte der Astronaut Alan Shepard eine Schaufel zum Sammeln von Bodenproben als Golfschläger und schlug damit einen Stein über die Mondoberfläche.

Da keine Luft da ist, um das Sonnenlicht abzumildern, sind alle Schatten auf dem Mond tiefschwarz und haben scharfe Ränder. Bei Tag scheint die Sonne und bei Nacht leuchten die Sterne strahlend hell. Vom Mond aus gesehen, ähnelt die Erde einer blauen Murmel, die von weißen Wolkenwirbeln überzogen ist, die aussehen wie Reif. Sie hat auch Phasen wie der Mond, ist also manchmal als Sichel, als halbe Scheibe oder als volle Scheibe zu sehen.

Wie erfolgt der Rückflug?

Nachdem die Apollo-Astronauten ihr Arbeitsprogramm abgeschlossen hatten, kehrten sie zur Mondfähre zurück, zündeten die Aufstiegsstufe und starteten. Dabei hatten sie nur einen einzigen Versuch. Wenn dieser fehlgeschlagen wäre, hätten sie auf dem Mond bleiben und sterben müssen. Nachdem die Mondfähre wieder an die um den Mond kreisende Kommandokapsel angedockt hatte, kletterte das Landungsteam in die Kommandokapsel zurück. Danach wurden die beiden Raumfahrzeuge voneinander getrennt.

In der Erdumlaufbahn stieß die kegelförmige Kommandokapsel ihr Triebwerksteil ab und begann dann, in die Atmosphäre hinabzusinken.

Alle frühen amerikanischen Weltraummissionen endeten mit einer „Wasserung“ im Meer. Nachdem die Kommandokapsel auf der Wasseroberfläche aufgetroffen war, wurde sie von aufblasbaren Kissen so lange über Wasser gehalten, bis ein Hubschrauber kam, um die Astronauten aufzunehmen.

Beim Fall der Kommandokapsel durch die Atmosphäre wurde ihre Unterseite sehr heiß, da die Reibung der Luftmoleküle an der Außenwand Hitze erzeugte. Hätte man die Kommandokapsel an ihrer Unterseite nicht vorher mit einem speziellen Hitzeschild beschichtet, wäre sie verglüht wie ein Meteor.

Mondgestein

Das an verschiedenen Stellen gesammelte Mondgestein lieferte den Wissenschaftlern eine Menge Informationen. Sie fanden darin nur sehr wenig Sauerstoff und Kalium, dafür aber Spuren von bekannten Elementen wie Kalzium, Titan und Aluminium. Die Untersuchung winziger Stücke von grünem Mondgestein ergab, daß sie ungefähr 4600 Millionen Jahre alt waren. Die jüngste Gesteinsprobe wurde von der Mannschaft von Apollo 15 zur Erde gebracht; sie war „nur" 3100 Millionen Jahre alt.

Was ist ein Space-Shuttle?

Der Haupttreibstofftank wird abgesprengt.

Die Feststoffraketenzusatztriebwerke werden abgesprengt.

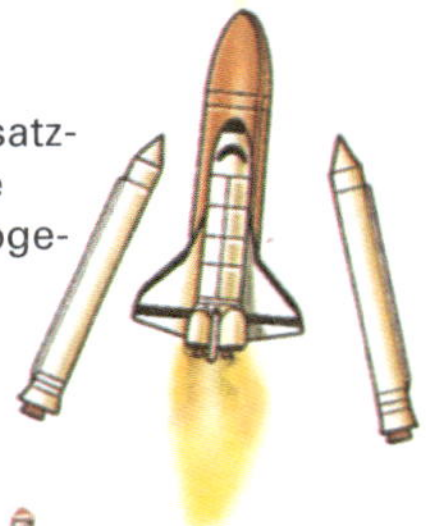

Der Shuttle startet.

Space Shuttles fliegen wie Raketen in den Weltraum, kehren aber wie Flugzeuge wieder zur Erde zurück. Ein Orbiter ähnelt sehr stark einem Flugzeug, da er ein Cockpit, Tragflächen und eine Schwanzflosse, ein Fahrwerk mit Bremsen und eine bis zu achtköpfige Besatzung hat. Im vorderen Teil der Raumfähre sind das Cockpit, die Instrumente und die Computer untergebracht; im unteren „Mitteldeck" ist Platz für die Versuche.
Der Space Shuttle bringt Laboratorien, Satelliten und andere wichtige Fracht in den Weltraum. Seine Ladebucht ist groß genug für fünf Elefanten!

Satellit

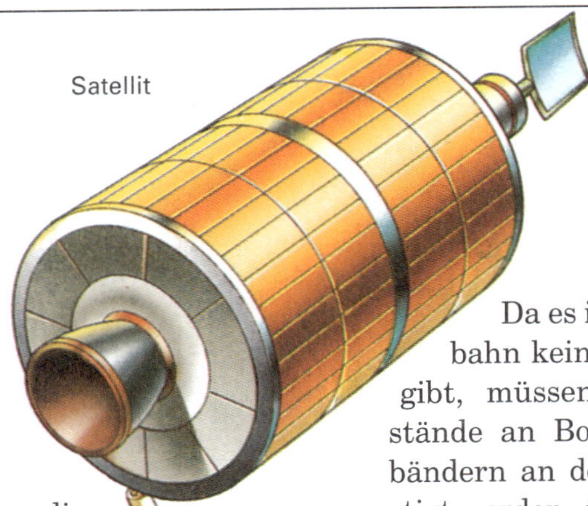

Da es in der Umlaufbahn keine Schwerkraft gibt, müssen alle Gegenstände an Bord mit Klettbändern an der Wand befestigt werden, damit sie nicht im Raumschiff herumfliegen.

Wenn die Raumfähre zur Erde zurückkehrt, landet sie wie ein normales Flugzeug auf einer Landebahn.
Um Lasten in den Laderaum hinein und wieder heraus zu heben, hat der Orbiter einen langen Roboterarm, der von einem Astronauten vom Cockpit aus gesteuert wird.

1986 hob der Space Shuttle Challenger zur 25. Shuttlemission von der Startrampe ab. An Bord waren sechs amerikanische Astronauten und die Lehrerin Christa McAuliffe, die als erster Zivilist in den Weltraum fliegen sollte. 73 Sekunden nach dem Start explodierte die Raumfähre in einem Feuerball, und alle Astronauten starben (links). Der Grund für das Unglück war ein Defekt in einem der Feststoffraketenzusatztriebwerke.

Wenn die Astronauten in der Ladebucht zu tun haben, sind sie mit Halteleinen gesichert. Wenn sie sich dagegen vom Orbiter entfernen müssen, benutzen die Astronauten kleine Düsenantriebe, sogenannte „Fliegende Sessel“, um sich von der Ladebucht abzustoßen und zu beschädigten Satelliten zu fliegen.

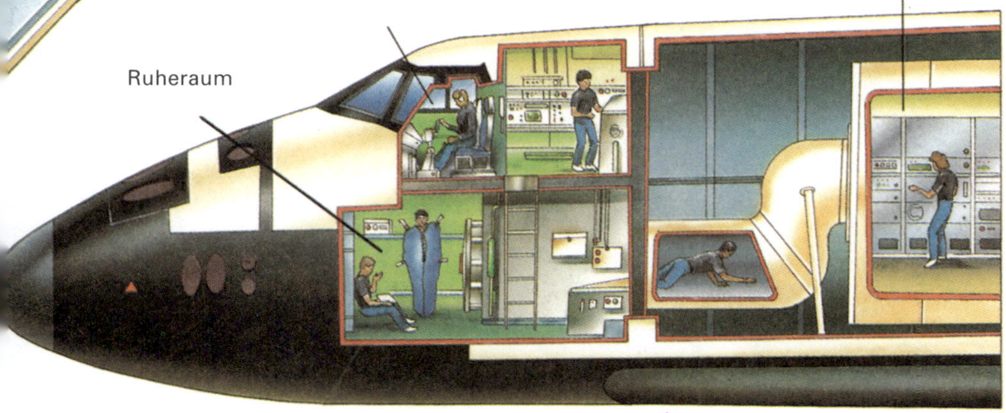

Nach einem arbeitsreichen Tag geht die Mannschaft zu Bett. Zwei von den Betten sehen wie Schubladen aus und lassen sich wie solche auf und zu schieben; das dritte Bett steht senkrecht und sieht wie eine Duschkabine aus. In den Betten liegen keine Matratzen sondern Schlafsäcke. Um beim Schlafen im schwerelosen Zustand nicht herumzufliegen, befestigen die Astronauten ihre Arme und Beine mit Gurten.

Der russische Shuttle

Die russische Raumfähre heißt Buran („Schneesturm“) und ist nur zweimal geflogen. Buran hat keine Triebwerke und wird deshalb von einer Energiya-Rakete in eine Umlaufbahn gebracht.

Satelliten

Was sind Satelliten?

Jeder Körper oder jedes Objekt, das sich um ein anderes herumbewegt, wird Satellit genannt. Der Mond ist ein Satellit der Erde, die Erde und andere Planeten sind Satelliten der Sonne. Doch die meisten Leute benutzen das Wort Satellit für ein technisches Gerät, das die Erde umkreist. Diese Satelliten machen wissenschaftliche Beobachtungen vom All und von der Erde.

Wie groß sind Satelliten?

Der erste künstliche Satellit, Sputnik 1, der am 4. Oktober 1957 gestartet wurde, war etwa so groß wie ein Fußball und nur mit einem kleinen Funksender ausgerüstet. Manche der heutigen Satelliten haben bereits die Größe von Fernlastern.

Wie viele Satelliten gibt es?

Zur Zeit gibt es etwa 450 von allen Ländern der Erde und von internationalen Organisationen genutzte Satelliten. Die meisten befinden sich in einem Bereich bis zu 2000 Kilometer Höhe, dem sogenannten Low-Earth-Orbit (LEO)-Bereich.

Wer nutzt Satelliten?

Wir alle. Denn es gibt so viele verschiedene Arten von Satelliten, daß jeder von uns irgendwann ihre Dienste in Anspruch nimmt. So zum Beispiel beim Fernsehen, Telefonieren und beim Radiohören. Auch die Wetterberichte in den Nachrichten werden mit Hilfe von Satelliten gestaltet. Wissenschaftler nutzen Satelliten, um zum Beispiel Erdölvorkommen und andere wertvolle Rohstoffe zu entdecken. Militärsatelliten werden meist zur Aufklärung benutzt; so werden Daten über die Bewegungen feindlicher Truppen übertragen.

Was ist ein Satellitenstaat?

Satellitenstaaten finden wir nicht im Weltraum, sondern auf unserer Erde. Der Begriff bezeichnet einen Staat, der zwar der Form nach selbständig ist, jedoch in wichtigen Entscheidungen – wie zum Beispiel in außenpolitischen Fragen – von den Weisungen eines anderen, mächtigeren Staates abhängig ist.

Wann gab es die erste Live-Fernsehübertragung über Satellit?

Im August 1962 übertrug der Satellit Telestar die ersten Fernsehbilder live zwischen Amerika und Europa. Telestar hatte nur 90 Zentimeter Durchmesser und ist damit einer der kleineren Satelliten.

Was sind geostationäre Satelliten?

Satelliten müssen sich in einer Umlaufbahn um die Erde befinden. Dabei muß die Erdanziehungskraft durch die Fliehkraft ausgeglichen werden, damit der Satellit weder zur Erde zurückstürzt noch ins Weltall davonfliegt. Man unterscheidet Satelliten, die sich schneller um die Erdachse drehen als die Erde selber, und solche, die sich genau so schnell drehen wie die Erde. Diese fliegen in etwa 36 000 Kilometer Höhe und scheinen von der Erde aus gesehen immer am selben Platz zu stehen. Deshalb nennt man sie geostationäre Satelliten.

Wie helfen Satelliten bei der Wettervorhersage?

Wettervorhersagen werden heute mit Hilfe von Satelliten getroffen. Der europäische Wettersatellit Meteosat liefert alle halbe Stunde ein komplettes Erdbild mit einem Auflösungsvermögen von 5 Kilometern. Aus den Wolkenbewegungen können Meteorologen die Wetterentwicklung langfristig und relativ zuverlässig vorhersagen. Die Meteosat-Aufnahmen von Europa sind allabendlich in den Fernsehnachrichten zu sehen.

Was hat Autofahren mit Satelliten zu tun?

Das sogenannte GPS-System ist ein kleiner Computer, den man in ein Auto einbauen kann und der dem Fahrer den Fahrtweg vorsagt. So muß der Fahrer nur zu Beginn seiner Reise angeben, wohin er will. Denn der Computer rechnet den Weg zum angegebenen Ziel aus. Und er kontrolliert immer wieder den Standort des Autos, um den Fahrer richtig zu lenken. Den Standort des Autos erfährt der Computer über einen Satelliten, der aus dem Weltraum auf die Erde funkt und sich so mit dem Bordcomputer „unterhält“. Für die Richtungsanweisungen stehen dem Fahrer verschiedene Sprachen zur Wahl.

Satelliten-Funkstation in Raisting (Bayern)

Woher beziehen Satelliten ihre Energie?

Damit Satelliten arbeiten können, benötigen sie elektrische Energie. Nur so können die Bilder und anderen Daten an die Erde gesendet und Daten von der Erde empfangen werden. Die Energie wird durch Solarzellen gewonnen, die an der Außenseite der Satelliten angebracht sind. Manchmal sind diese Zellen direkt auf den Satelliten angebracht. Meist aber sind es zwei Sonnensegel, die wie Flügel vom Satelliten abstehen. Bei dieser Art von Sonnenkollektoren benötigt man weniger Zellen. Allerdings müssen sie immer zur Sonne gedreht werden, um Energie produzieren zu können.

Können Satelliten im Weltraum repariert werden?

Manchmal funktionieren Satelliten nicht richtig. Das kann nach vielen Jahren, aber auch direkt nach dem Start der Fall sein. Das Weltraumteleskop Hubble hatte zum Beispiel ein Sonnensegel, das sich nicht voll entfaltet hat. Früher mußten Menschen mit Hilfe von Raumfähren zu dem defekten Satelliten fliegen, ihn „einfangen" und dann reparieren. Heute werden zwar immer noch Reparaturen von Menschen durchgeführt, aber man hat Roboter entwickelt, die über Funkfernsteuerung von der Erde aus bedient werden können. Hubble sendet seit 1993 perfekte Bilder und erlaubt einen tiefen Blick in den Weltraum.

Wem gehören Satelliten?

Private Unternehmen besitzen die meisten Satelliten. Diese Firmen vermieten ihre Satelliten dann an die Fernseh-, Telefon- und Rundfunkgesellschaften. Daneben gibt es staatliche Satelliten, z.B. Forschungssatelliten wie den Landsat, der mineralogische Gutachten erstellt und das Wachstum der Wälder und die Entwicklung in Katastrophengebieten beobachtet, und Militärsatelliten.

Kann man Satelliten von der Erde aus beobachten?

Satelliten lassen sich mit dem bloßen Auge erkennen, allerdings darf man sie nicht mit den Positionsleuchten von Flugzeugen verwechseln. Die beste Zeit ist zwei bis drei Stunden vor Sonnenaufgang, aber nach Sonnenuntergang hat man auch Erfolg. Gerät ein Satellit außer Kontrolle, ist er nur als Lichtblitz zu erkennen, wenn ihn ein Sonnenstrahl trifft.

Können Satelliten Raketenstarts behindern?

Die Erdumlaufbahnen sind dicht gefüllt mit etwa 450 Satelliten. Zwar sind alle diese Satelliten bekannt und genau erfaßt. Dennoch muß bei jedem Start einer Rakete mit Hilfe von speziell entwickelten Computerprogrammen genau berechnet werden, ob beim Aufstieg und bei der weiteren Mission die Bahn frei ist, damit es nicht zu gefährlichen Kollisionen kommt. Oft müssen lange Wartezeiten in Kauf genommen werden, um ein „Startfenster" zu finden.

Was ist Weltraumschrott?

Der Weltraum ist angefüllt mit vielfältigen Rückständen der Raumfahrt. Dazu gehören zum Beispiel abgebrannte Kleintriebwerke, von Astronauten verlorene Werkzeuge und Millionen von winzigen Bruchstücken. Schon die kleinsten Teilchen können große Schäden verursachen, wenn sie mit größeren Objekten kollidieren. Die mittlere Geschwindigkeit, mit der zwei Objekte aufeinandertreffen, beträgt 10 Kilometer pro Sekunde, das sind 36000 Stundenkilometer. Schon ein 10 Millimeter großes Objekt kann daher zur Zerstörung eines Satelliten führen. Weltraumschrott ist zu einem großem Problem geworden, an dessen Lösung Wissenschaftler in der ganzen Welt arbeiten.

Wozu dienen Satelliten?

Ein Kommunikationssatellit wirft Signale, die von einem Punkt der Erde ausgesandt werden, zu einem anderen Punkt der Erde zurück. Zu den wichtigsten derartigen Satelliten gehören die **Intelsats**, die internationale Telefongespräche übertragen. Intelsat 5, der jüngste Satellit in dem von 33 Ländern betriebenen Intelsat-Netzwerk, kann bis zu 33 000 Telefongespräche gleichzeitig übertragen. Der Fernsehsatellit Astra überträgt zahlreiche Fernsehprogramme, die wir mit einer „Schüssel" direkt empfangen können.

„Bodenschatzsatelliten" wie der **Landsat** schießen aus ihrer Umlaufbahn Tausende von Fotos von der Erdoberfläche, auf denen man Vegetationsgebiete und Erzlagerstätten erkennen kann. Aber der Satellit beobachtet nicht nur die Erdoberfläche, sondern dringt auch ins Erdinnere vor, um Wasser unter der Wüste und mögliche Erdölvorkommen unter dem Meeresboden aufzuspüren. Die Satelliten können auch hochauflösende Fotos von Städten machen.

Meteosat, ein Wettersatellit, umkreist die Erde in einer geostationären Umlaufbahn, was bedeutet, daß er in einer Höhe von 36000 Kilometern über dem Äquator stillzustehen scheint. Dieser Satellit kann mehrere Arten von Fotos gleichzeitig schiessen. Eine Kamera fotografiert zum Beispiel sichtbare Lichtphänomene wie Wolken.

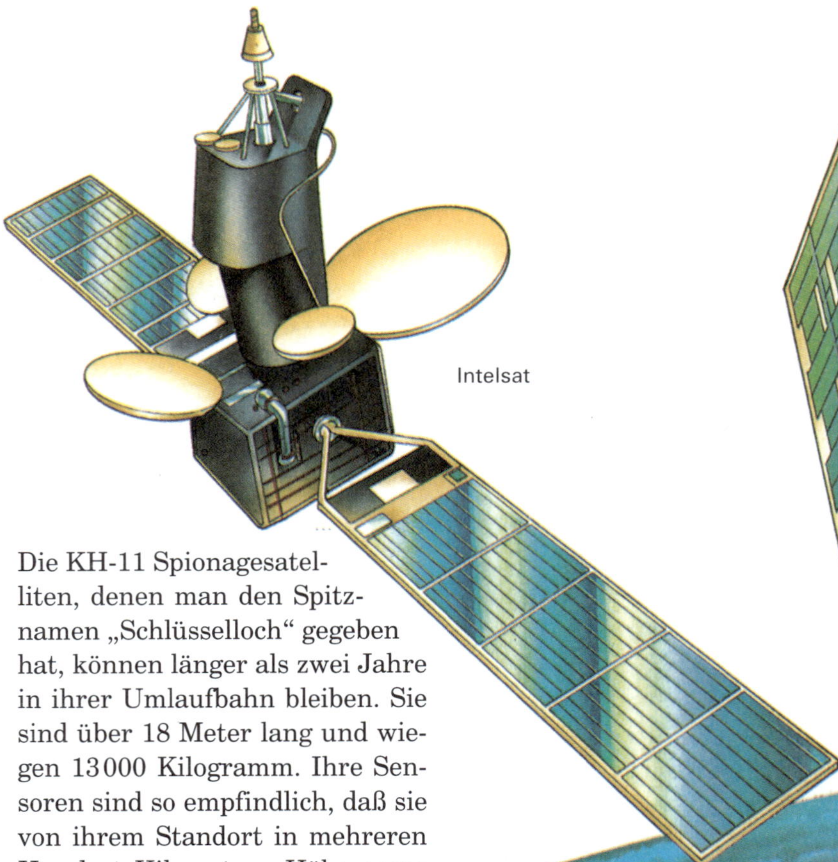

Intelsat

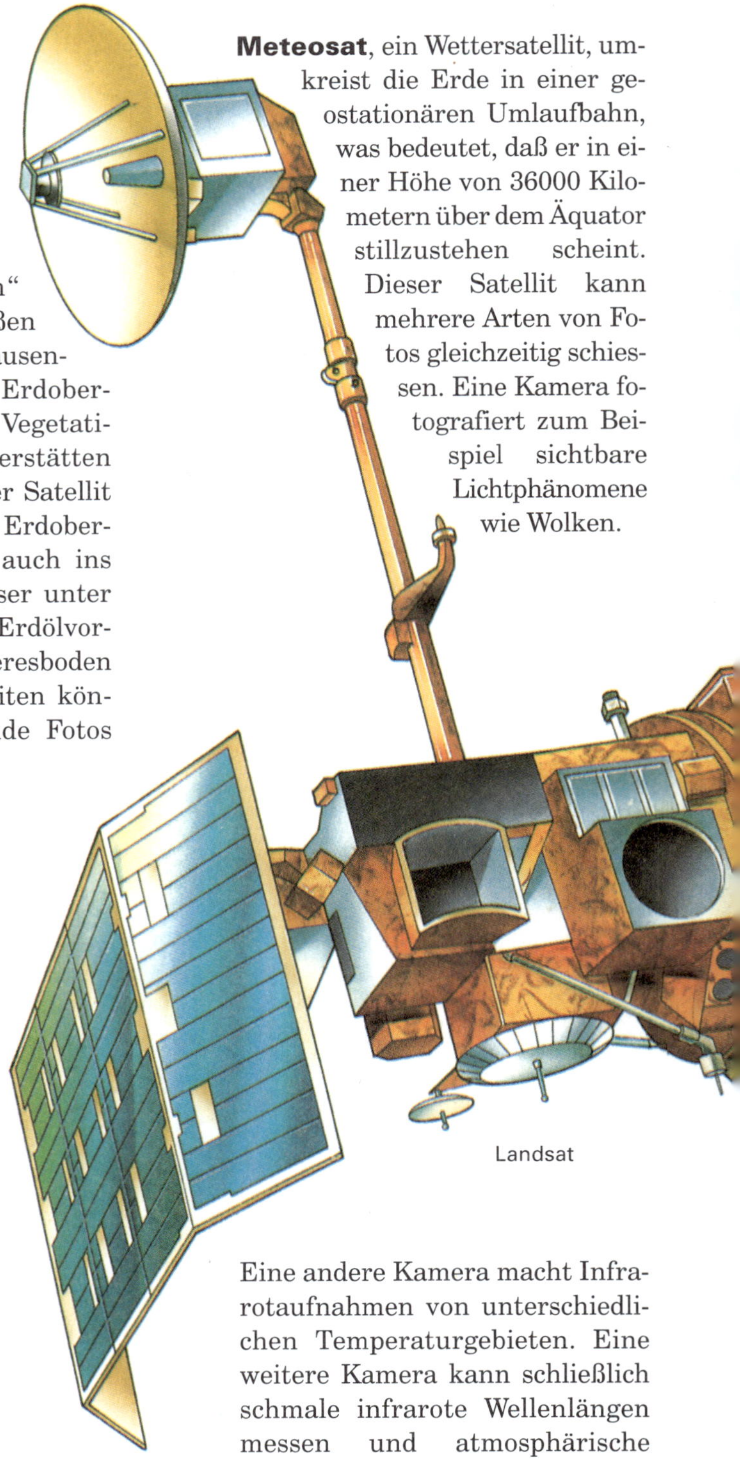

Landsat

Eine andere Kamera macht Infrarotaufnahmen von unterschiedlichen Temperaturgebieten. Eine weitere Kamera kann schließlich schmale infrarote Wellenlängen messen und atmosphärische Feuchtigkeitsgebiete registrieren.

Die KH-11 Spionagesatelliten, denen man den Spitznamen „Schlüsselloch" gegeben hat, können länger als zwei Jahre in ihrer Umlaufbahn bleiben. Sie sind über 18 Meter lang und wiegen 13 000 Kilogramm. Ihre Sensoren sind so empfindlich, daß sie von ihrem Standort in mehreren Hundert Kilometern Höhe sogar einzelne Soldaten heranzoomen können!

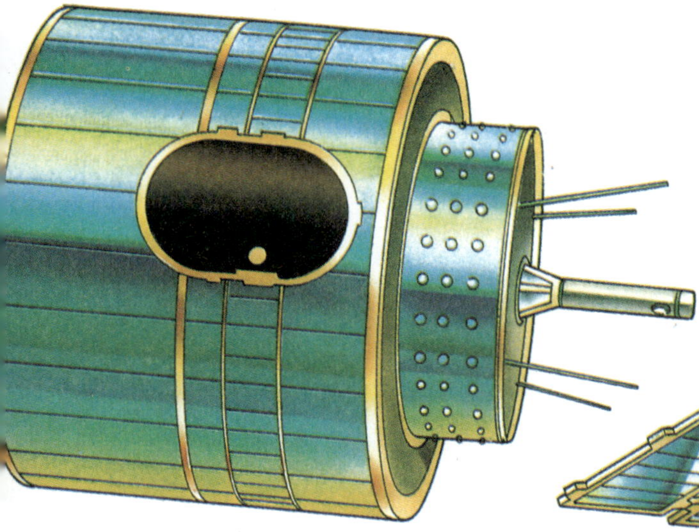

Meteosat

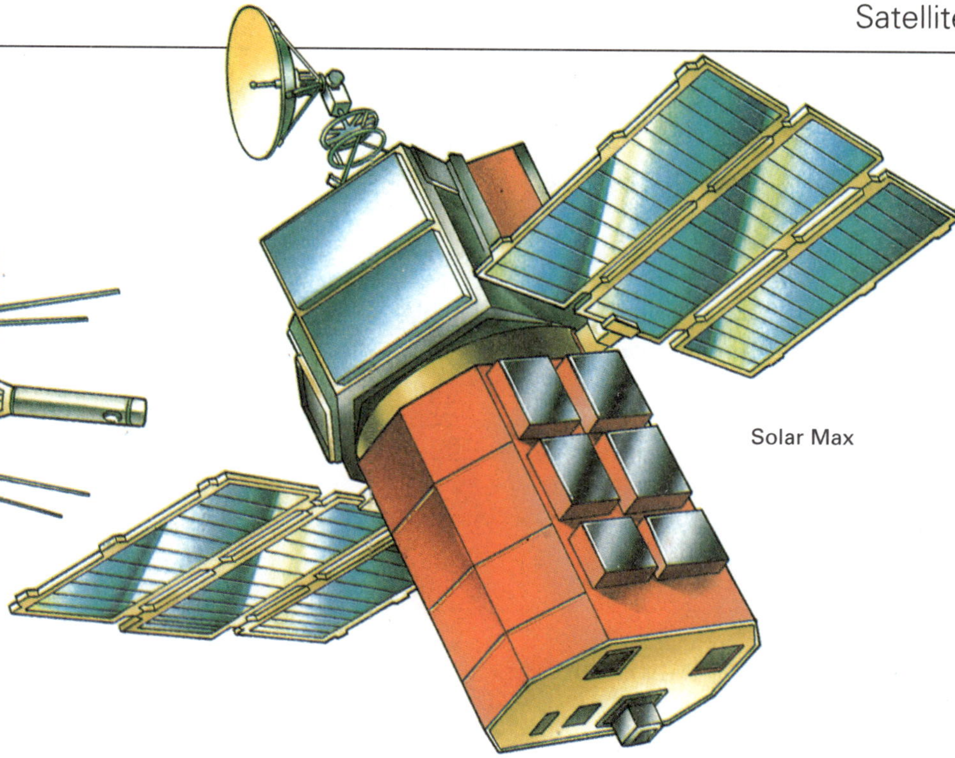

Solar Max

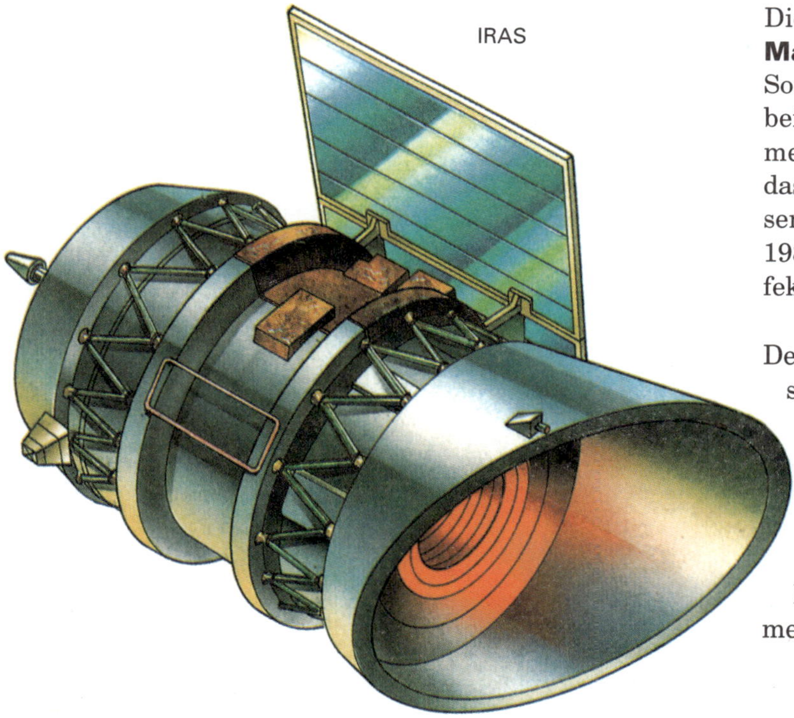

IRAS

Die einzige Aufgabe des **Solar Max** Satelliten bestand darin, die Sonne zu beobachten. So schoß er beispielsweise Röntgenaufnahmen von Sonneneruptionen, die das Wetter auf der Erde beeinflussen können. Der Satellit stürzte 1989 nach einem elektrischen Defekt zur Erde.

Der **IRAS** („Infrarot-Astronomiesatellit") wurde dadurch berühmt, daß er gleichzeitig mit zwei Amateurastronomen einen hellen Kometen entdeckte. Ihnen zur Ehre wurde der Komet nach allen drei Entdeckern benannt und Komet *IRAS-Araki-Alcock* getauft.

Raumsonden

Was ist eine Raumsonde?

Eine Raumsonde ist ein unbemannter Flugkörper, der zu Forschungszwecken eingesetzt wird. Die Daten, die die Sonden übermitteln, sind für die Wissenschaft unverzichtbar geworden. Sonden liefern nicht nur Informationen über ferne Himmelskörper, sondern auch über unseren eigenen Planeten. Infrarotaufnahmen der Erdoberfläche können beispielsweise Aufschluß über Lagerstätten wichtiger Rohstoffe geben.

Welches ist die älteste noch in Betrieb befindliche Raumsonde?

Es ist die Pioneer 6. Sie wurde am 17. Dezember 1990 fünfundzwanzig Jahre alt und hat während dieser Zeit bei 29 Sonnenumrundungen rund 25 Milliarden Kilometer zurückgelegt. Ihre Aufgabe war es, Daten über Sonnenwind, Magnetfelder und kosmische Strahlung zur Erde zu funken. Diese Aufgaben nimmt sie noch heute hin und wieder wahr.

Welches ist die am weitesten entfernte Raumsonde?

Es ist die Pioneer 10, die am 2. März 1972 von Cape Canaveral aus gestartet wurde. Sie hatte im Oktober 1990 die Entfernung von 7,5 Milliarden Kilometern erreicht und liefert noch immer wertvolle Meßdaten. Sie wird allerdings in ferner Zukunft von der schnelleren Voyager 1 überholt werden.

Welche Informationen haben die Voyager-Sonden an Bord?

Beide Sonden tragen eine Plakette aus Gold an der Außenseite, die in vereinfachter Darstellung einen Mann, eine Frau und ein Kind zeigt. Außerdem wurde die Flugbahn der Sonde eingraviert und die Stellung des Planeten Erde im Sonnensystem. Diese Abbildungen sollen – falls die Sonden je von fremden intelligenten Wesen geborgen werden sollten – die Herkunft verdeutlichen. Desweiteren ist ein Tonträger angebracht worden mit klassischer Musik und Grußworten in verschiedenen Sprachen.

Was untersuchte die Sonde Galileo auf dem Weg zum Jupiter?

Galileo wurde 1989 mit dem Ziel gestartet, den Jupiter zu erforschen. Die Sonde mußte durch nahe Vorbeiflüge an Venus und Erde Schwung holen, um sich dem Jupiter zu nähern. Dabei konnte sie interessante Daten sammeln und Venus, die Rückseite des Mondes und Gaspara und Ida im Asteroidengürtel untersuchen.

Kann man eine Sonde zur Sonne schicken?

Ja, und genau das ist auch geplant. Im Jahr 2007 soll eine Sonde in Richtung Sonne die Erde verlassen. Die Wissenschaftler erhoffen sich davon Antworten auf viele offene Fragen, so zum Beispiel darüber, wie der sogenannte Sonnenwind entsteht. Auch wie die energiereichen Partikel in der Korona der Sonne transportiert werden, soll die Sonde klären. Sie ist dazu mit Magnetometern, Plasma-Partikelsensoren und anderen Instrumenten ausgerüstet und wird wahrscheinlich im Jahre 2010 ihre Arbeit aufnehmen können.

Was verbirgt sich hinter der „Europa-Orbiter-Mission"?

Diese Mission hat nichts mit dem Kontinent Europa zu tun, sondern mit dem gleichnamigen viertgrößten Mond des Jupiter. Als die Sonde Galileo diesen Mond passierte, schickte sie Bilder zur Erde, die vermuten ließen, daß es dort eine etwa einen Kilometer dicke Eisschicht gibt. Nun wollen die Wissenschaftler eine weitere Sonde zu Europa schicken, die die Frage klären soll, ob es einen Ozean aus flüssigem Wasser unter dem Eis gibt. Sollte sich diese Vermutung bewahrheiten, könnte man eine Rakete starten, die sich durch das Eis gräbt und im Wasser eine Art unbemanntes U-Boot aussetzt. Dieses könnte dann den Meeresgrund untersuchen.

Gab es bislang eine Mission zum Pluto?

Nein. Noch hat keine Sonde den Planeten Pluto erreicht. Allerdings plant die NASA zur Zeit eine solche Mission. Im Jahre 2003 oder 2004 soll der sogenannte Pluto-Kuiper-Express starten: eine kleine Sonde, die Pluto und möglicherweise auch den sogenannten Kuiper-Gürtel erreichen soll (eine Ansammlung von asteroidenähnlichen Körpern und Kleinplaneten, die hinter Pluto im All kreisen). Die Sonde wird Pluto wahrscheinlich irgendwann zwischen 2012 und 2018 erreichen, das hängt ab vom Gewicht der Sonde und von der Art und Weise, wie sie gestartet wird.

Was macht die Sonde Galileo auf ihrer „Europa-Mission“?

Galileo hatte beim Start 1989 zunächst das Ziel, den Jupiter zu erforschen. Nachdem diese Aufgabe 1995 erfüllt war, ist Galileo nun auf der Europa-Mission: Die Sonde wird an mehreren Monden des Jupiter vorbeifliegen. Europa und Callisto hat sie bereits hinter sich gelassen. Falls die Technik nicht versagt, wird sie auch noch den Jupitermond Io erreichen.

Welche Aufgabe hat der „Mars Global Surveyor“?

Diese Raumsonde erforscht den Planeten Mars. Sie ist im Jahr 1997 in Marsnähe eingetroffen und hat in den Folgejahren rund 27 Millionen Messungen durchgeführt, um die Marsoberfläche zu kartographieren. Die Vermessung wird mit einem Laserstrahl durchgeführt. Etwa 10mal pro Sekunde wird ein Laserstrahl zur Marsoberfläche gesandt und von dort zurückgeworfen. Aus der Zeit zwischen Absenden und Empfangen des Laserstrahls gewinnt man Aufschluß über Höhen und Tiefen auf der Oberfläche. So konnte eine sehr genaue Karte des Mars erstellt werden.

Wohin reist Clementine?

Die 140 Kilogramm schwere Sonde Clementine wurde am 24. Januar 1994 von der Vandenberg Militärbasis in Kalifornien aus gestartet. Diese Mission diente zunächst waffentechnischen Experimenten, die auf der Erde nicht möglich waren. Anschließend wurde Clementine in eine Umlaufbahn um den Mond gebracht, um von dort Aufnahmen zur Erde zu senden. Besonders über die Polgebiete war noch wenig bekannt; sie konnten nun genau kartographiert werden. Nach zweieinhalb Monaten verließ Clementine die Mondumlaufbahn, um einen Asteroiden (Geographos) zu beobachten, geriet aber leider außer Kontrolle, so daß diese letzte Aufgabe mißlang.

Welche Sonde suchte nach Spuren von Leben auf dem Mars?

Die Hauptaufgabe von Viking 1 war die Suche nach Leben auf dem Mars. Material wurde aufgeschaufelt, in die Raumsonde gebracht und dort chemisch auf Spuren oranischer Substanzen hin untersucht. Die zur Erde gefunkten Daten waren zuerst verwirrend, doch wurden schließlich keine positiven Lebenszeichen gefunden. Die Ergebnisse von Viking 2, die am 3. September 1976 1500 km weiter nördlich landete, fielen ähnlich aus.

Was ist die Mission „Deep Impact“?

Deep Impact („Tiefer Einschlag“) ist eine Mission der NASA, bei der im Jahre 2004 eine Sonde zum Kometen „P/Tempel 1“ geschickt wird. Die Sonde wird Meßgeräte und eine Kamera enthalten. Zusätzlich führt sie ein 500 Kilogramm schweres Kupferprojektil mit sich. Es wird im Jahre 2005 mit dem Kometen zusammenstoßen und einen großen Krater erzeugen. Dabei werden kleinere Teile des Kometen abgesprengt, die ebenso von der Sonde untersucht werden sollen wie der geöffnete Kometenkern.

Welches rätselhafte Phänomen auf dem Jupiter konnte durch die Voyager-Raumsonden geklärt werden?

Schon seit Jahrhunderten beobachteten Astronomen ein faszinierendes Merkmal des Jupiter: den Großen Roten Fleck. Erst durch die Daten, die Voyager sammelte, wissen wir, daß es sich dabei um einen riesigen Wirbelsturm handelt, der dreimal so groß ist wie die Erde!

Wer war Pathfinder?

Pathfinder (Pfadfinder) war eine Sonde, die am 2. Dezember 1996 mit Ziel Mars gestartet wurde. Sie hatte ein kleines funkferngesteuertes Fahrzeug mit dem Namen Sojourner (Besucher) an Bord. Am 4. Juli 1997 – dem amerikanischen Unabhängigkeitstag – glückte mit Hilfe von Airbags die schwierige Landung der Sonde auf dem Mars. Sojourner verließ die Sonde und untersuchte Steine und Bodenformationen in der näheren Umgebung. Spuren von Leben wurden nicht gefunden, allerdings war Sojourner auch nicht zur Suche danach ausgerüstet.

Beide Voyager-Sonden haben unser Sonnensystem mittlerweile verlassen.

Was entdeckte Giotto?

Im Laufe der letzten 30 Jahre wurden viele Weltraumsonden ins All geschickt, um das Sonnensystem zu erforschen. Dabei wurden bis auf den Pluto alle Planeten besucht. Mariner 10 (1) erreichte im März 1974 den Merkur und schoß über 8000 Fotos von dessen trostloser, kraterübersäten Oberfläche. Die Sonde umkreist jetzt die Sonne in einer permanenten Umlaufbahn. Der Venus-Orbiter Pioneer (4) flog 500 Millionen Kilometer weit, erreichte im Dezember 1978 die Venus und schickte Radarkarten von der Venusoberfläche zur Erde zurück. Die Viking-Sonden (3) landeten 1975 mit dem Fallschirm auf der Marsoberfläche. Dort untersuchten sie den Boden auf Spuren von Leben, fanden jedoch nichts. Voyager 1 und 2 erforschten die äußeren Planeten. Voyager 2 (2) schickte erstaunliche Aufnahmen vom Neptun zur Erde zurück. Die Sonde Magellan (5) hat 1990 die Venus erreicht, und Galileo (6) wurde von einem Shuttle aus gestartet, um den Giganten Jupiter zu erforschen.
Mit dieser Arbeit hat Galileo 1995 begonnen. Allerdings dauert die Übertragung der Bilder sehr lange, weil sich die Hauptantenne nicht richtig geöffnet hat und nur die Hilfsantenne zur Verfügung steht.

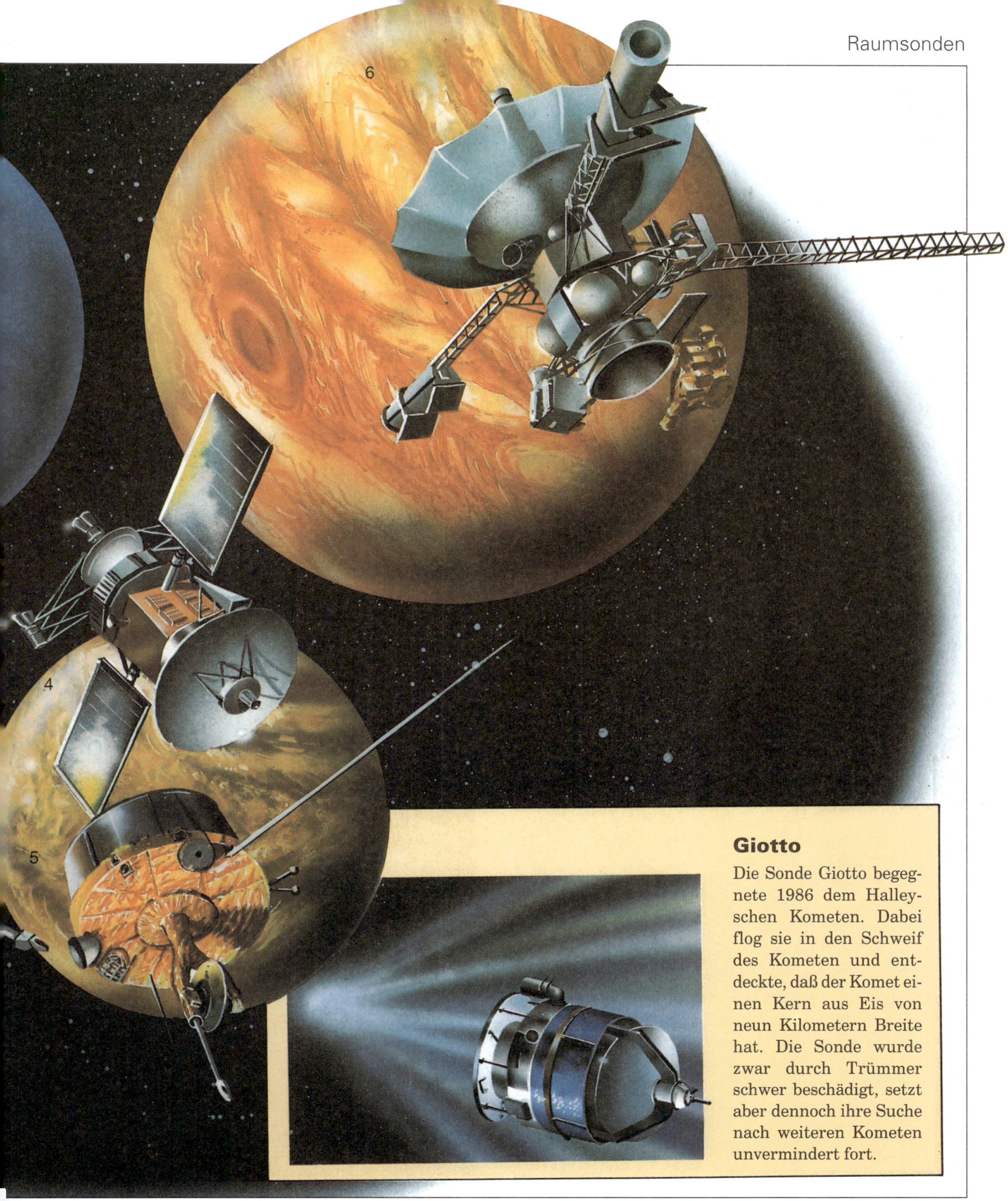

Giotto

Die Sonde Giotto begegnete 1986 dem Halleyschen Kometen. Dabei flog sie in den Schweif des Kometen und entdeckte, daß der Komet einen Kern aus Eis von neun Kilometern Breite hat. Die Sonde wurde zwar durch Trümmer schwer beschädigt, setzt aber dennoch ihre Suche nach weiteren Kometen unvermindert fort.

Welches Ziel hat die Voyager-Mission?

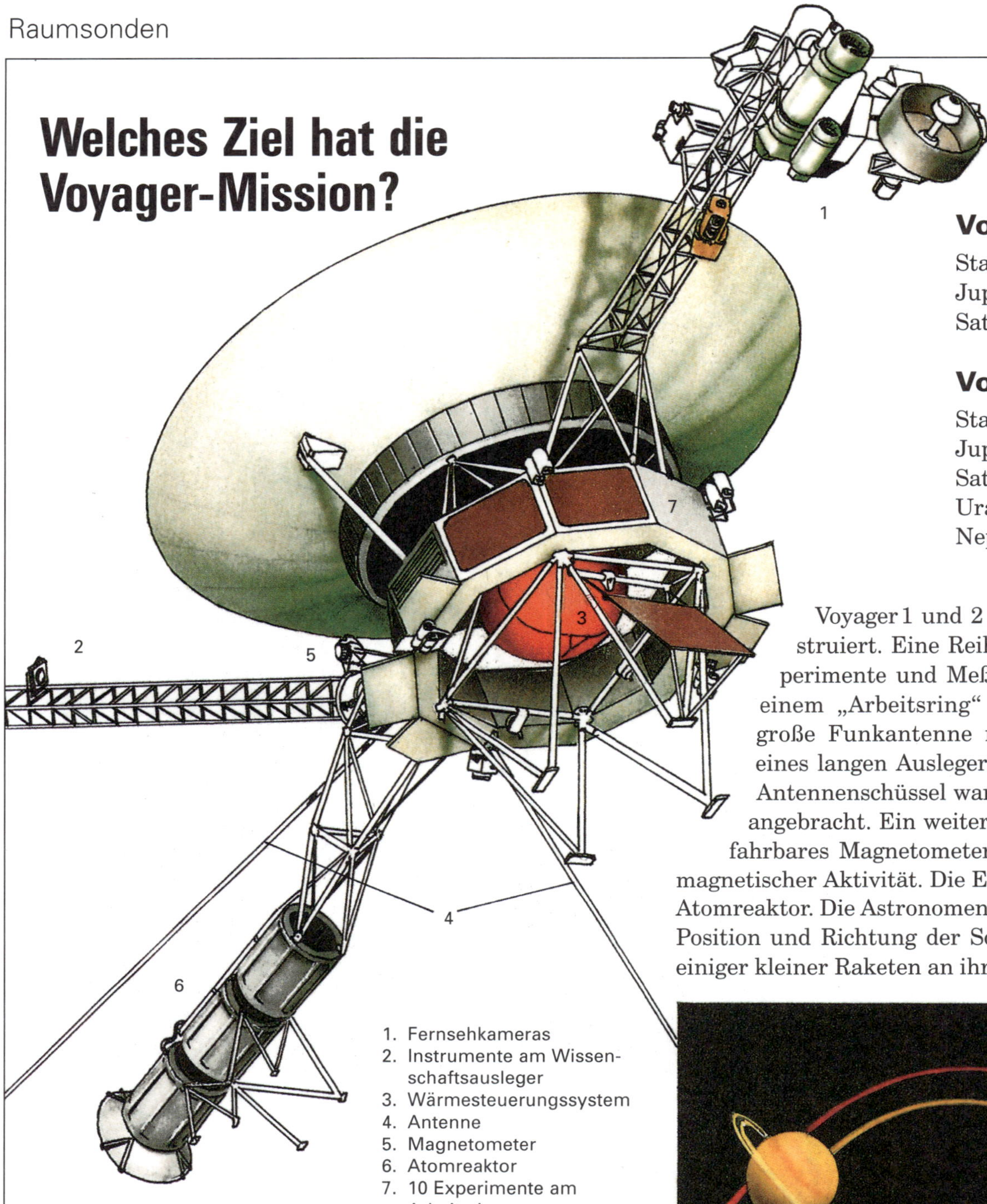

1. Fernsehkameras
2. Instrumente am Wissenschaftsausleger
3. Wärmesteuerungssystem
4. Antenne
5. Magnetometer
6. Atomreaktor
7. 10 Experimente am Arbeitsring

Voyager 1

Start – 5. September 1977
Jupiter – 5. März 1979
Saturn – 12. November 1980

Voyager 2

Start – 20. August 1977
Jupiter – 9. Juli 1979
Saturn – 25. August 1981
Uranus – 30. Januar 1986
Neptun – August 1989

Voyager 1 und 2 waren genau gleich konstruiert. Eine Reihe wissenschaftlicher Experimente und Meßvorrichtungen waren an einem „Arbeitsring" befestigt, auf dem eine große Funkantenne montiert war. Am Ende eines langen Auslegers auf der einen Seite der Antennenschüssel waren zwei Fernsehkameras angebracht. Ein weiterer Ausleger trug ein ausfahrbares Magnetometer, ein Gerät zum Messen magnetischer Aktivität. Die Energie lieferte ein kleiner Atomreaktor. Die Astronomen auf der Erde konnten die Position und Richtung der Sonden durch das Zünden einiger kleiner Raketen an ihren Rahmen ändern.

Die Voyager-Sonden wurden so konstruiert, daß sie eine einmalige Konstellation von Planeten ausnutzen konnten, um von einem zum anderen zu fliegen. Dabei erhöhten sie unter Ausnutzung der Anziehungskraft der Planeten ihre Geschwindigkeit. Die beiden Sonden wurden kurz nacheinander gestartet; Voyager 2 als erste. Beide flogen zuerst zum Jupiter, dann zum Saturn. Voyager 1 (rote Linie, rechts) verließ daraufhin das Sonnensystem. Voyager 2 (gelbe Linie, links) flog zunächst noch zum Uranus und zum Neptun, bevor sie ebenfalls das Sonnensystem verließ.

Jupiter

Saturn

Die Voyager-Sonden entdeckten, daß die Ringe des Saturn aus Abertausenden von kleinen Ringen bestehen. Sie entdeckten auch viele bisher unbekannte kleine Monde in der Umlaufbahn und schossen detaillierte Fotos von den großen Monden wie Mimas und Titan.

Die Entdeckungen von Voyager

Die beiden Voyager-Sonden schossen faszinierende Aufnahmen von den wirbelnden, mehrfarbigen Wolken des Jupiter.

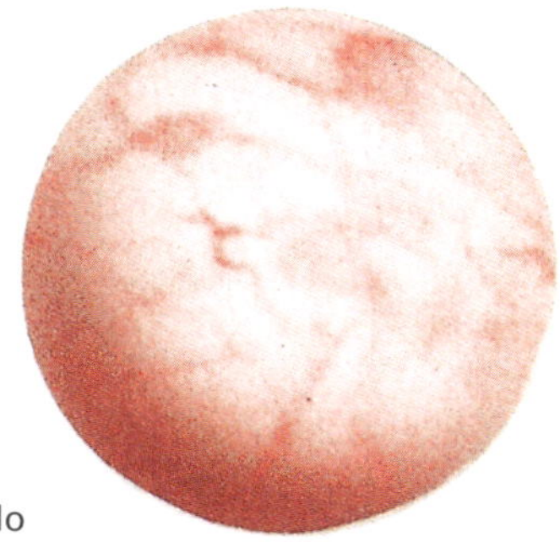

Io

Uranus

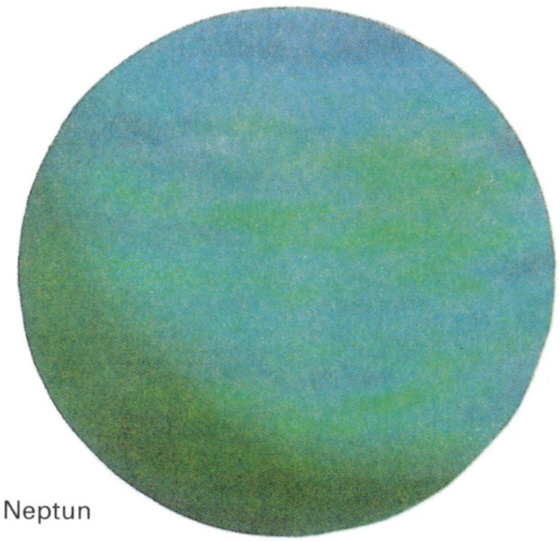

Neptun

Voyager 1 entdeckte aktive Schwefelvulkane auf dem orangefarbigen Jupiter-Mond Io. Voyager 2 zeigte uns den Uranus als eintönigen Planeten. Die Tageslänge konnte aus den Bildern genau bestimmt werden.

Der Uranusmond Miranda erwies sich als der faszinierendste Mond des Sonnensystems mit hoch aufragenden Eisklippen und einer seltsamen, von tiefen Rillen durchzogenen Oberfläche.

Neptun erwies sich als ein graublauer Planet mit einem Sturmsystem, dem man den Namen Großer Dunkler Fleck gab. Auf den Fotos der Sonde konnte man zum erstenmal die Oberfläche des Mondes Triton erkennen.

Eine Botschaft

Für den Fall, daß die Voyager-Sonden auf ihrem Weg durch das All anderen Lebewesen begegnen, haben die Wissenschaftler an ihrer Außenseite eine Plakette und eine Bild- und Tonplatte angebracht. Die Plakette zeigt einen Mann, eine Frau und ein Kind, sowie eine einfache Darstellung der Position der Erde im Weltraum. Die Platte enthält Töne, von klassischer Musik bis zu Begrüßungsworten in unterschiedlichen Sprachen. Auf der Platte sind zusätzlich noch 118 Bilder aufgezeichnet, so zum Beispiel ein menschliches Skelett, Fotos vom Meer und eine Aufnahme der Erde vom Weltraum aus.

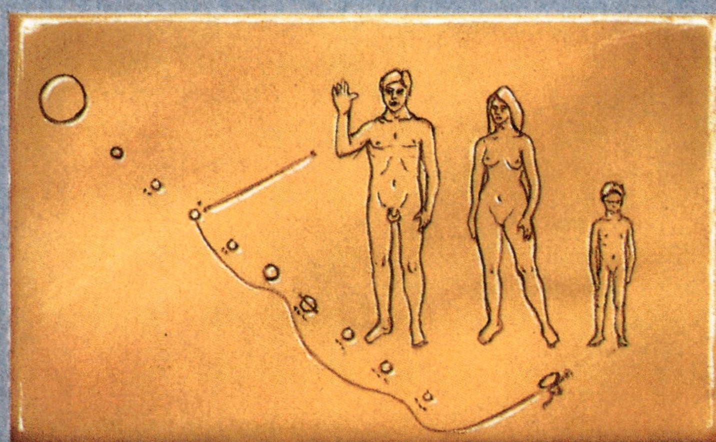

Werden Menschen zum Mars fliegen?

Im Laufe der Jahre wurde der Mars schon von vielen Raumsonden besucht. In den sechziger und siebziger Jahren wurden mehrere amerikanische Mariner-Sonden zum Roten Planeten geschickt. Ihnen folgten die Viking-Sonden, die den Marsboden in Minilaboratorien analysierten. 1989 fielen die beiden russischen Phobos-Sonden aus, kurz bevor sie die Marsumlaufbahn erreichten.

Ein großer Erfolg war die US-Marsmission Pathfinder. 1997 landete die Sonde weich, wobei der Aufprall durch Airbags gemildert wurde. Anschließend konnte ein kleines Geländefahrzeug die Sonde verlassen und langsam in der Umgebung herumfahren. Das kleine Fahrzeug hieß Sojourner und war kaum größer als ein ferngesteuertes Spielzeugauto. Es untersuchte Gesteinsbrocken und sendete Bilder zur Erde, die sich jeder Interessierte im Internet anschauen konnte. Sojourner sendete mehrere Wochen, bis im Marswinter die Solarzellen nicht mehr genug Licht bekamen.

Die Vereinigten Staaten planen eine bemannte Mission zum Mars, aber ein genaues Datum steht nicht fest. Am Anschluß an die Apollo-Flüge zum Mond haben sich die Forscher auf den erdnahen Weltraum beschränkt und bauen jetzt die internationale Raumstation ISS. Eine Mondbasis wäre das nächste Projekt. Wenn es ein Mars-Raumschiff gibt, dann wird es so groß, daß man es in der Erdumlaufbahn zusammenbauen muß. Die Einzelteile werden von Raketen und Shuttles in die Umlaufbahn gebracht. Die nächsten Erfolge in der Planetenforschung werden aber höchstwahrscheinlich durch kleine, hochspezialisierte Raumsonden zustandekommen.

Während das Landungsteam die Marsoberfläche erforscht, sollen die Astronauten im Mutterschiff den Mars von der Umlaufbahn aus studieren.

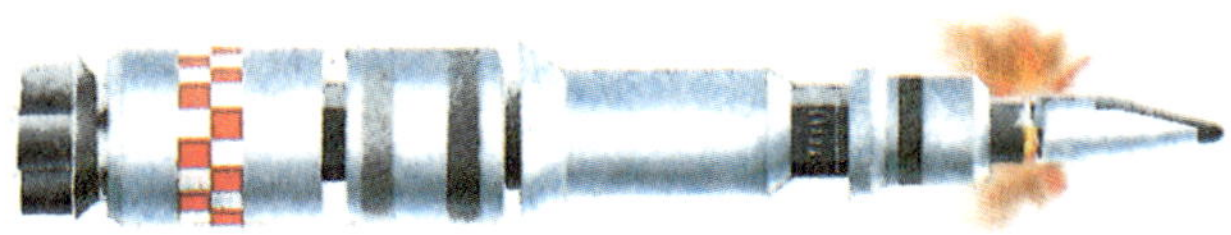

Wenn das Raumschiff in die Marsumlaufbahn eintritt, wählt die Mannschaft den Landeplatz aus, indem sie die Oberfläche durch starke Teleskope fotografiert. Danach überprüfen die Astronauten die Systeme der Landekapsel.

Nach der Trennung vom Mutterschiff zünden die Bremsraketen, und die Landekapsel verläßt die Umlaufbahn. Nach einem Flug durch die Atmosphäre senkt sie sich schließlich an Fallschirmen zur Marsoberfläche ab, wobei sie durch ihre Bremsraketen noch zusätzlich verlangsamt wird.

Nachdem die Astronauten aus der ersten Landekapsel ihren Landeplatz erforscht haben, indem sie Gesteinsproben genommen und Instrumente aufgestellt haben, sollen weitere Landekapseln zur Marsoberfläche herabsteigen und in der Nähe landen, um so nach und nach eine Raumstation zu errichten.

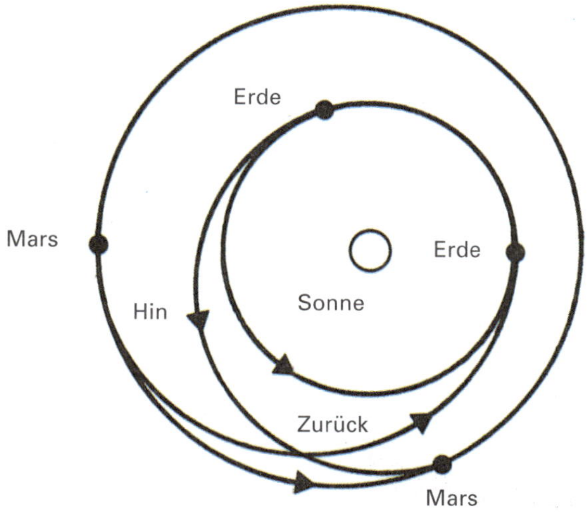

Nach dem Andocken an das Mutterschiff können sich die Forscher auf die Rückkehr zur Erde vorbereiten. Sie schießen letzte Fotos vom Mars, schleudern ihren gesamten Abfall ins All und schalten alle Systeme des Mutterschiffs ab. Schließlich steigen sie in die Rückkehrstufe um. Danach startet die Mannschaft die Motoren und verläßt die Marsumlaufbahn, um zur Erde zurückzukehren. Das Mutterschiff bleibt als Raumstation in der Marsumlaufbahn zurück.

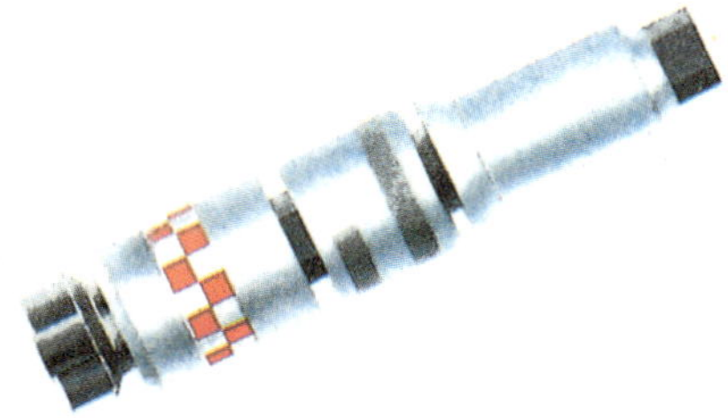

Der Mars ist nach dem Mond das Ziel, das am nächsten liegt. Allerdings ist der Mars viel weiter entfernt. Um den Mars zu erreichen, werden die Astronauten fast zwei Jahre im All verbringen müssen.

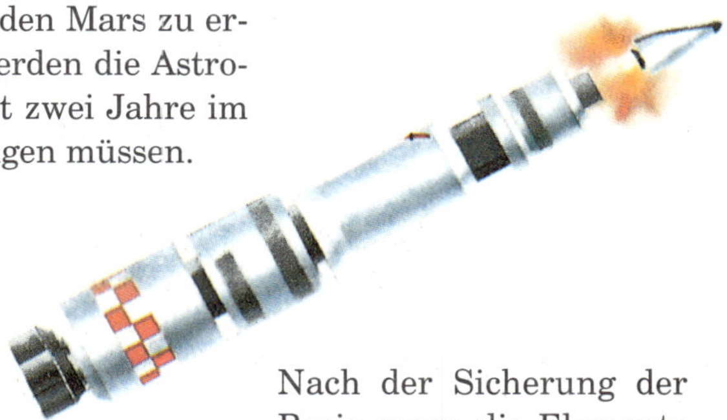

Nach der Sicherung der Basis gegen die Elemente und nach Abschalten aller Energiesysteme müssen sich die Astronauten in der oberen Stufe einer Landekapsel anschnallen. Mit der Landestufe als Startrampe hebt die obere Stufe ab und macht sich auf den Weg in die Umlaufbahn zum Mutterschiff.

Wenn die erste bemannte Expedition geglückt ist, sollen weitere Missionen folgen. Diese sollen die Marsbasis durch zusätzliche Module und Ausrüstung vergrößern, bis sie zu einer permanent bemannten Kolonie anwächst, die ihr Wasser und ihren Brennstoff selbst produziert und auch ihre eigene Nahrung anbaut. Überall auf dem Mars sollen dann weitere Basen gebaut werden – bis der Mensch dort eine zweite Heimat gefunden hat.

Wie sieht die Zukunft der Raumfahrt aus?

Vielleicht schon im Jahr 2005 werden wir uns in Raumschiffen wie dem geplanten amerikanischen National Aerospace Plane, das einem Überschalldüsenflugzeug ähnelt, in die Erdumlaufbahn begeben. Diese Flugzeuge werden billiger sein als die Space Shuttles. Anstatt riesige Brennstofftanks mit flüssigem Sauerstoff mit sich zu führen, werden sie den Sauerstoff aus der Erdatmosphäre „atmen“. Sie werden die normalen Start- und Landebahnen von Flugzeugen benutzen und jedesmal Dutzende von Passagieren transportieren.

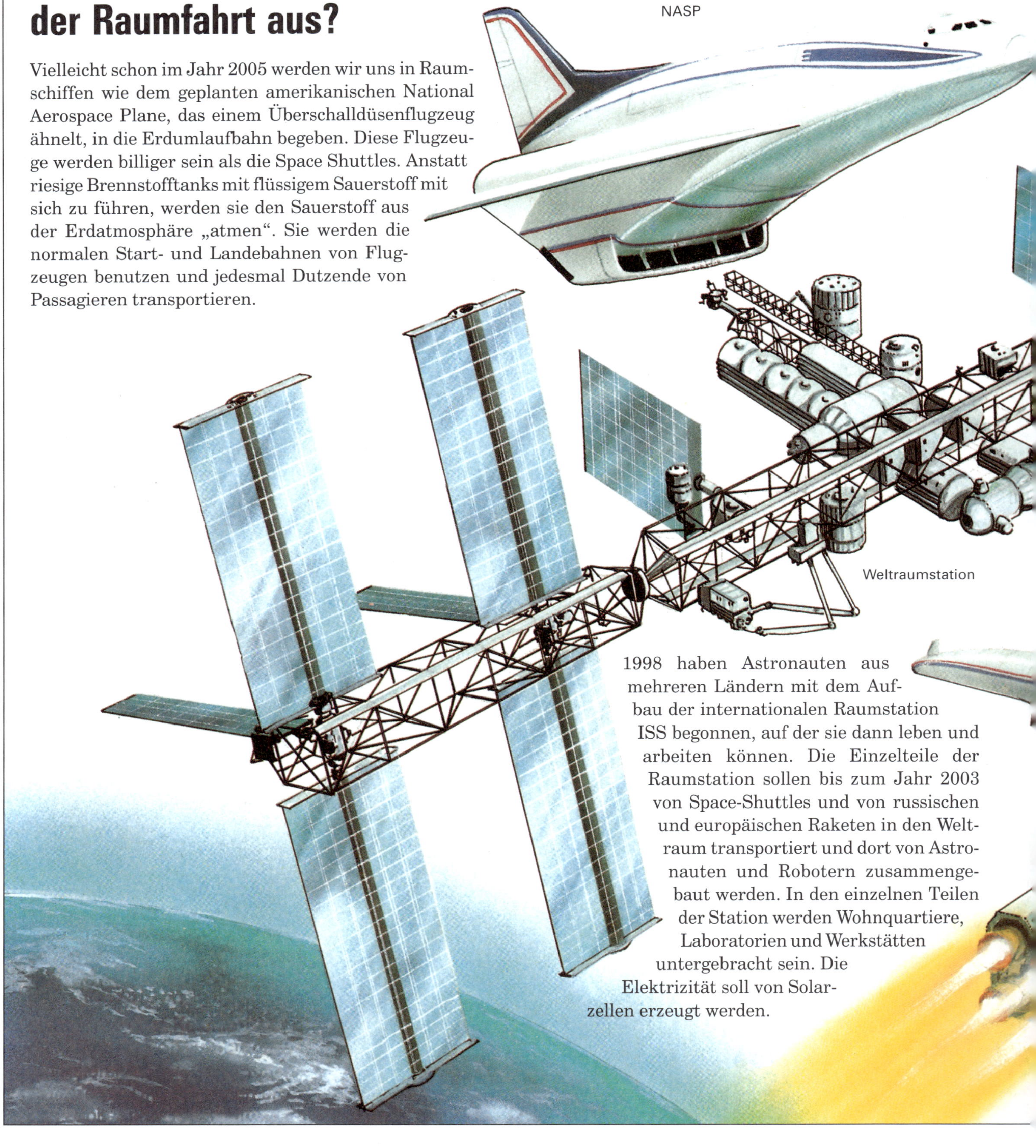

1998 haben Astronauten aus mehreren Ländern mit dem Aufbau der internationalen Raumstation ISS begonnen, auf der sie dann leben und arbeiten können. Die Einzelteile der Raumstation sollen bis zum Jahr 2003 von Space-Shuttles und von russischen und europäischen Raketen in den Weltraum transportiert und dort von Astronauten und Robotern zusammengebaut werden. In den einzelnen Teilen der Station werden Wohnquartiere, Laboratorien und Werkstätten untergebracht sein. Die Elektrizität soll von Solarzellen erzeugt werden.

Weltraumflugzeug

Wenn einmal interstellare Flüge möglich sind, werden Reisen nicht mehr nur Tage und Monate sondern Jahre dauern.

Die Mondbasis

Die Apollo-Programme der sechziger und siebziger Jahre haben gezeigt, daß wir Menschen für kurze Zeit auf dem Mond arbeiten können. Um mehr über unseren nächsten Nachbarn im Weltraum lernen zu können, benötigen wir eine Mondbasis. Von dieser Basis aus werden Astronomen den Himmel beobachten, und Ärzte werden neue Medikamente entwickeln.

Die Marsbasis

Die ersten Missionen zum Mars werden dazu dienen, die Oberfläche zu erforschen und Boden- und Gesteinsproben zu sammeln. Die Mannschaften der nachfolgenden Expeditionen werden dann bereits die ersten Teile einer Marsbasis mit sich führen. Etwa zehn Jahre nach der ersten Landung wird bereits ein Team von einem Dutzend Astronauten auf dem Mars leben; zehn Jahre später könnten es bereits zehnmal soviele sein.

Gibt es Ufos?

Viele Menschen glauben, daß UFOs – Unbekannte Flugobjekte – die Raumschiffe von außerirdischen Lebensformen seien, die Ende der fünfziger Jahre zum erstenmal von einem Piloten beobachtet wurden, der „fliegenden Untertassen ähnliche Objekte“ sah. Am häufigsten werden UFOs als eine sich drehende Kuppel mit Höckern an der Seite beschrieben.

Einige UFOs sind Täuschungen, für andere Sichtungen wiederum gibt es keine natürliche Erklärung. Viele Menschen behaupten auch, die fremdartigen Lebewesen gesehen zu haben, von denen die UFOs gesteuert werden. Einige seien groß und behaart, andere wieder klein wie Zwerge; einige sprechen Englisch, andere wiederum seltsame fremdartige Sprachen.

Die Welt der Science Fiction hat uns viele Außerirdische beschert. Vielleicht gibt es aber draußen im Weltraum wirklich Wesen wie diese.

Die Daleks sind Dr. Who's Erzfeinde. In den Metallpanzern stecken geleeartige Kreaturen – die sogenannten Kaleds.

E.T., der Außerirdische, wurde von seinem Raumschiff auf der Erde zurückgelassen. Zuletzt kehrte er aber sicher nach Hause zurück.

Der Außerirdische aus dem Film „Alien" war mit Stacheln übersät, besaß rasiermesserscharfe Zähne und Krallen und war fast unzerstörbar.

Wenn es wirklich Außerirdische gibt und wir sie eines Tages finden, wird ihr Aussehen davon abhängen, von welcher Art Planet sie kommen. Die Form des menschlichen Körpers hängt unmittelbar mit der Atmosphäre, der Umwelt und der Stärke der Schwerkraft der Erde zusammen. Auf anderen Planeten herrschen aber andere Bedingungen.

Lebensformen auf einem Planeten mit hoher Schwerkraft könnten beispielsweise eine breitgedrückte Statur und große, lederartige Füße haben.

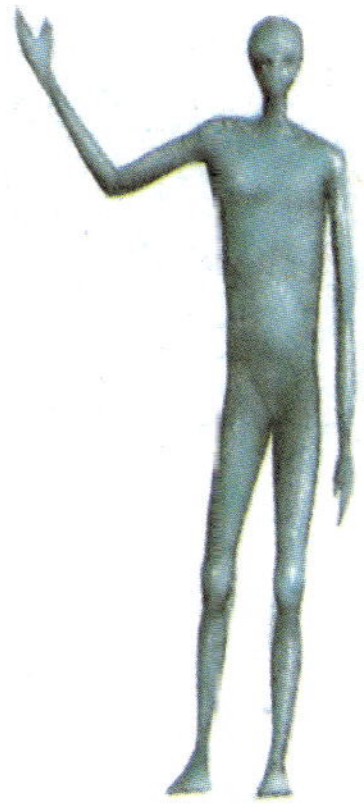

Bei niedriger Schwerkraft könnten die Außerirdischen immer weiter wachsen, so daß sie möglicherweide bis zu fünf Meter groß werden könnten.

Einige Astronomen glauben, daß sich unter der Wolkendecke des Jupiter rochenähnliche Kreaturen mit lederartigen Flügeln verbergen könnten.

Ist da draußen jemand?

Viele Astronomen sind davon überzeugt, daß wir nicht die einzigen intelligenten Lebewesen im Universum sind. Deshalb wurde 1974 eine Botschaft, die ein Bild ergibt, wenn man ein Ratser darauf legt, zum Sternhaufen M 13 gestrahlt. Das Bild enthielt eine Menge Informationen darüber, wie wir aussehen, wo die Erde im Weltraum liegt und sogar darüber, wieviele Menschen auf der Erde leben. M 13 ist aber so weit von uns entfernt, daß wir frühestens in 50 000 Jahren eine Antwort erwarten können!

Begriffe

Äquatorialdurchmesser Die Entfernung von einem Punkt am Äquator durch den Mittelpunkt des Planeten zum gegenüberliegenden Punkt am Äquator. Der Äquatorialdurchmesser ist etwas größer als der Abstand von Pol zu Pol, weil die Planeten durch die Fliehkraft etwas abgeflacht sind.

Andocken Das Festmachen eines Raumschiffs an einem anderen. Das Apollo-Raumschiff dockte an die Mondfähre an, und das sowjetische Raumschiff Sojus dockt an die Raumstation Mir an.

Asterismus Eine leicht erkennbare Form von Sternen am Nachthimmel, wie z.B. ein Kreuz, eine Linie oder ein Kreis. Ist immer Teil eines Sternbilds.

Asteroid Ein kleiner, unregelmäßig geformter Körper, der die Sonne wie ein winziger Planet umkreist. Die meisten bewegen sich in einem Gürtel zwischen dem Mars und dem Jupiter.

Astronaut Eine Frau oder ein Mann, die/der die Erde verläßt und in den Weltraum fliegt. In Rußland nennt man die Astronauten Kosmonauten.

Astronom Astronomen sind Wissenschaftler, die den Himmel und alle Objekte im Weltraum mit Hilfe von Teleskopen und anderen Geräten studieren.

Astronomie Die Wissenschaft von den Himmelsobjekten.

Atmosphäre Die Hülle aus unterschiedlichen Gasen, die einen Planeten oder Mond umgibt und bedeckt. Manchmal kann man sie atmen, sie kann aber auch giftig sein.

Aurora Borealis/Australis Auch Nordlichter genannt; „Vorhänge“ aus farbigem Licht, die am Nachthimmel über den Polen der Erde leuchten (Borealis = Norden; Australis = Süden).

Eklipse oder Verfinsterung Entsteht, wenn ein Himmelskörper an einem anderen vorbeifliegt. Eine Sonnenfinsternis tritt ein, wenn der Mond die Sonne verdeckt.

Elliptisch Wenn die Umlaufbahn eines Himmelskörpers in Form einer weichen, ovalen Kurve und nicht eines völlig runden Kreises verläuft, nennt man sie elliptisch.

EVA - Extra Vehicular Activity Arbeiten, die von einem Astronauten außerhalb des Raumschiffs erledigt werden, entweder im Weltraum in einem Fliegenden Sessel (MMU), oder auf der Oberfläche des Mondes oder eines anderen Planeten.

Fernglas Ein Fernglas sieht aus wie zwei kleine, miteinander verbundene Teleskope. Die Vergrößerung ist zwar relativ gering, reicht aber dennoch aus, um den Himmel beobachten zu können.

Fernsteuerung Eine Raumsonde wird mittels Funksignalen bedient – das heißt, die Sonde erhält von der Erde aus Befehle und gehorcht ihnen.

Galaxien Galaxien sind riesige „Inseln“ aus vielen Milliarden Sternen im schwarzen Ozean des Weltraums. Unsere eigene Galaxie heißt „Milchstraße“.

Gasriese Ein Planet wie der Jupiter oder der Saturn, der zum größten Teil aus Gas besteht und keine feste Oberfläche besitzt, auf der ein Raumschiff landen könnte.

Geosynchrone Rotation Wenn sich ein Satellit in der Umlaufbahn eines Planeten oder Mondes mit derselben Geschwindigkeit bewegt wie der Körper unter ihm. Der Satellit steht dann immer über demselben Punkt.

Grand Tour So nannte man die Reise der beiden Voyager-Sonden, die die äußeren Planeten unseres Sonnensystems besucht haben.

Hirtenmonde Die kleinen Monde, die einen Planeten innerhalb und außerhalb seines Ringsystems umkreisen und dafür sorgen, daß die Ringteilchen immer an ihrem Platz bleiben.

Kolonie Eine dauernd bemannte Basis, die irgendwann in der Zukunft auf dem Mars oder dem Mond gebaut werden könnte. Diese Basen müssen groß genug sein, damit sie ihre eigenen Nahrungsmittel anbauen und alle ihre Bewohner ernähren können, ohne auf die Hilfe von der Erde angewiesen zu sein.

Komet Ein Komet hat einen Kern aus verunreinigtem Eis, eine gasförmige Hülle und mindestens einen Schweif aus Gas, welches durch die Sonnenwärme freigesetzt wird, wenn der Komet an der Sonne vorbeifliegt.

Kometenkern Das massive Herz eines Kometen – ein schmutziger Eisberg, der von rußschwarzem Material bedeckt ist – der als Teil des Sonnensystems die Sonne umkreist.

Kosmos (s. Universum; Weltall) Alles, was wir im Universum beobachten können: Sterne, Planeten, Galaxien usw.

Korona Strahlenkranz der Sonne, der nur bei totaler Sonnenfinsternis mit dem Auge erkennbar ist.

Krater Eine Vertiefung – flach oder tief – auf einem Mond oder in der Erdoberfläche, die durch einen Vulkanausbruch oder den Einschlag eines kleinen Körpers mit hoher Geschwindigkeit verursacht wurde.

Künstlicher Satellit Ein mechanisches Objekt, das von der Erde mit einer Rakete gestartet wird und einen natürlichen Körper wie einen Planeten oder einen Mond umkreist.

Landungskapsel Ein kleines bemanntes oder unbemanntes Raumschiff, das die Umlaufbahn verläßt und zur Oberfläche eines Planeten oder Mondes hinabsteigt.

Lichtgeschwindigkeit Die höchste Geschwindigkeit, mit der sich ein Objekt bewegen kann. Sie entspricht etwa 300 000 Kilometern pro Sekunde.

Lichtjahr Keine zeitliche Länge, sondern die Entfernung, die das Licht in einem Jahr zurücklegt. Sie entspricht 9,5 Millionen Millionen Kilometern.

Meteor Eine Sternschnuppe. Ein kleines Staub-, Stein-, Eis- oder Eisenteilchen, das von einem Kometen stammen könnte, nennt man Meteorit, solange es sich noch im Weltraum befindet. Wenn es beim Eintritt in die Erdatmosphäre verglüht, nennt man das Leuchten Meteor. Stücke, die ohne vollständig zu verglühen zur Erde fallen, nennt man Meteoriten.

Milchstraße Die Milchstraße ist unsere Heimatgalaxie und besteht aus ungefähr 100 Milliarden Sternen. Sie ist spiralförmig.

MMU - Fliegender Sessel Ein kleiner Düsenrucksack, den Shuttle-Astronauten tragen, wenn sie sich frei im Weltraum bewegen müssen, um z.B. beschädigte Satelliten bergen zu können.

Natürliche Satelliten Der Mond eines Planeten in einer natürlichen Umlaufbahn – im Gegensatz zu einem künstlichen Satelliten, der vom Menschen gebaut und mit einer Rakete ins All geschossen wurde.

Nebel Eine Gas- oder Staubwolke. Wenn Sterne in der Nähe sind, wird der Nebel durch deren Licht beleuchtet. Wenn nicht, sieht er wie ein dunkler Fleck aus.

Nova Das scheinbar plötzliche Aufleuchten eines Sterns am Nachthimmel. Dies ereignet sich, wenn sich die von einem Nachbarstern angezogene Materie entzündet.

Nutzlast Satelliten oder wissenschaftliche Geräte, die von Raketen in den Weltraum transportiert werden.

Observatorium Der Ort, von dem aus ein Astronom den Nachthimmel studiert. Es kann sich dabei um ein Gebäude auf einem hohen Berg weit ab vom Licht der Städte oder um ein Spezialteleskop in einer Umlaufbahn handeln.

Oortsche Wolke Eine theoretisch angenommene „Schale“ von Kometen, die unser Sonnensystem in einer Entfernung von etwa einem Lichtjahr wie eine Blase einhüllt.

Orbiter Der Teil eines Raumfahrtsystems, der in eine Umlaufbahn gebracht wird.

Parsec Entfernungsmaß in der Astronomie. Ein Parsec entspricht 3,26 Lichtjahren.

Phasen Die scheinbare Verwandlung eines Himmelskörpers von einer dünnen Sichel in eine volle Scheibe, wie sie bei der Venus, beim Merkur und unserem eigenen Mond zu beobachten ist.

Planet Ein großer kugelförmiger Körper, der um die Sonne oder einen anderen Stern kreist. Planeten „leuchten“ nicht, sondern reflektieren das Licht von der Sonne.

Quasar Ein unglaublich hell leuchtendes Objekt unbekannter Natur, das von der Erde aus nur schwach zu sehen ist, da es sehr weit entfernt liegt.

Radarkartographie Damit lassen sich Karten von der verborgenen Oberfläche eines Planeten durch die Wolkendecke hindurch anfertigen. Funkwellen werden von einer Raumsonde oder einem Radioteleskop ausgesandt und zur Erstellung eines Bildes benutzt.

Radioastronomie Die Untersuchung der von Himmelsobjekten ausgesandten Radiowellen – im Gegensatz zum Studium des von ihnen ausgesandten Lichts.

Radioteleskop Ein schüsselförmiges Gerät, das die Radiowellen aus dem Weltraum empfängt, die von den Astronomen untersucht werden.

Rakete Raketen bringen Geräte und Menschen in den Weltraum. Ihre Triebwerke müssen sehr stark sein, um die Anziehungskraft der Erde zu überwinden.

Raumfahrzeug Eine unbemannte Maschine, die von der Erde ausgesandt wird, um im Weltraum Messungen durchzuführen und die Planeten aus der Nähe zu beobachten und zu erforschen.

Raumschiff Ein bemanntes Raumfahrzeug, das Astronauten in und durch den Weltraum sowie zwischen den Planeten hin und her transportiert.

Raumsonde Eine von der Erde aus gesteuerte Maschine mit Kameras und anderen wissenschaftlichen Instrumenten, die ausgeschickt wird, um einen entfernten Himmelskörper zu erforschen.

Raumstation Ein Gebilde aus mehreren Teilen, das im Weltraum zusammengebaut wird und in dem Astronauten problemlos für längere Zeit leben und arbeiten können.

Ringsystem Millionen winziger Monde, die den Äquator der größten Planeten umkreisen und dabei Bänder oder Ringe formen. Manche sind hell, manche leuchten nur schwach.

Rückläufige Bewegung Wenn sich ein Körper wie z.B. ein Komet in der der Erde entgegengesetzten Richtung um die Sonne bewegt. Die Venus weist zudem eine rückläufige Rotation auf, das heißt, sie dreht sich nicht von Osten nach Westen, sondern von Westen nach Osten um sich selbst.

Schwarzes Loch Ein Objekt mit einer so starken Anziehungskraft, daß nicht einmal Lichtstrahlen ihr entkommen können. Aus diesem Grund erscheint dieses angenommene Objekt völlig schwarz.

Schwerelosigkeit Im Zustand der Schwerelosigkeit haben Objekte oder Astronauten kein Gewicht. Auf einer Umlaufbahn heben sich die Anziehungskraft des Planeten und die Fliehkraft durch die schnelle Kreisbewegung genau auf. Auch im freien Fall, also bei einem Absturz sind die Objekte kurzzeitig schwerelos. Ein großer Abstand von einem Planeten verkleinert zwar die Wirkung der Schwerkraft, bewirkt aber ohne Kreisbahn keine Schwerelosigkeit.

Sonne Der Stern in der Mitte unseres Sonnensystems.

Sonnenflecken Löcher in der Sonnenoberfläche, die durch magnetische Turbulenzen verursacht werden. Sie scheinen nur deshalb dunkler zu sein, weil unter ihnen kühleres Gas zutage tritt.

Sonnensystem Alle Körper – Planeten, Asteroiden, Kometen und Monde –, die um unsere Sonne kreisen. Andere Sterne können ihr eigenes Sonnensystem besitzen.

Stern Eine riesige Kugel aus leuchtendem Gas, deren Energiezufuhr durch Kernfusionsvorgänge bewirkt wird. Unsere Sonne ist ein mittelgroßer Stern.

Sternbild Ein Teil des Sternenhimmels, dem man den Namen einer mythischen Gestalt gegeben hat. Es gibt 88 verschiedene Sternbilder.

Strahlung Strahlung besteht aus elektromagnetischen Wellen oder Teilchen, die mit Energie geladen sind und durch den Weltraum reisen. Einige Formen von Strahlung sind gefährlich.

Supernova Das explosionsartige Absterben eines riesigen Sterns. Es tritt ein, wenn der Stern seinen gesamten nuklearen Brennstoff verbraucht hat.

Synchrone Rotation Wenn der Mond eines Planeten für eine Drehung um die eigene Achse genauso lang braucht wie für einen Umlauf um seinen Mutterplaneten. Unser Mond weist eine synchrone Rotation auf, daher sehen wir immer ein und dieselbe Seite von ihm.

Trägerrakete Eine Rakete, die eine Nutzlast ins All befördert, z.B. eine Sonde oder einen Satelliten. Die Ariane-Raketen der Europäischen Raumfahrtbehörde sind gute Beispiele.

Ariane 4

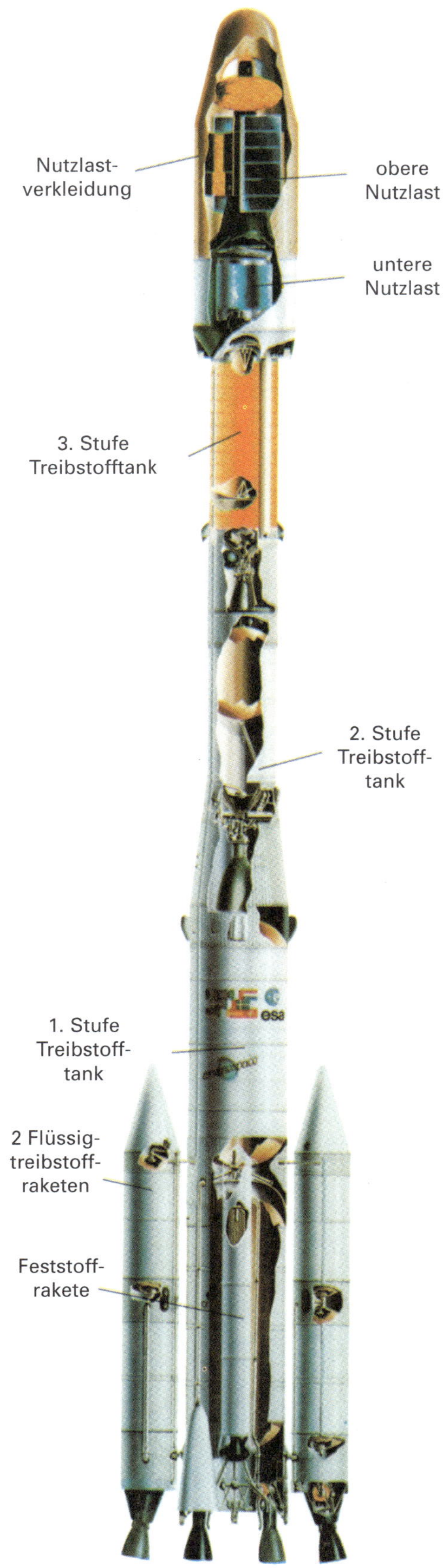

Treibhauseffekt Die Oberfläche des Planeten kann Wärme in den Weltraum abstrahlen. In klaren Nächten ist dies auf der Erde deutlich zu spüren. Eine Wolkendecke, aber auch Gase in der Atmosphäre eines Planeten behindern diese Abstrahlung. Die kurzwelligen Infrarotstrahlen (Wärmestrahlen) der Sonne gelangen durch die Atmosphäre hindurch und erwärmen dessen Oberfläche. Diese wird aber nicht so heiß wie die Oberfläche des Sterns und sendet langwellige Infrarotstrahlen aus, die von der Atmosphäre nicht durchgelassen werden. Auf diese Weise ist es auf dem Planeten wärmer als ohne Atmosphäre. Auf der Erde ist die Durchschnittstemperatur 15 °C, ohne Treibhauseffekt wären es –18 °C.

Umlaufbahn Die Bahn, auf der sich ein Körper um einen anderen bewegt, wie etwa der Mond um die Erde oder die Erde um die Sonne.

Universum Das Universum (Weltall/Kosmos) besteht aus allem, was um uns herum existiert, von den Insekten bis zu den Sternen.

Urknall Die Astronomen glauben, daß das Universum vor 15–20 Milliarden Jahren durch eine gewaltige Explosion, den Urknall, entstanden ist. Vorher gab es nichts.

Verfinsterung Tritt ein, wenn sich ein Himmelskörper an einem andern vorbeibewegt, z.B. wenn sich der Mond vor einen Stern schiebt.

Weißer Zwerg Sehr kleiner, extrem dichter Stern. Die Atome darin sind aufgespalten und die einzelnen Bestandteile in größtmöglicher Dichte gepackt, so daß die Dichte eines Weißen Zwergs das Millionenfache der Dichte von Wasser erreicht. Ein Löffel voll von dieser Materie würde viele Tonnen wiegen.

Zenit Der senkrecht über dem Beobachter stehende Punkt der Himmelskugel.

Apollo-Mondauto

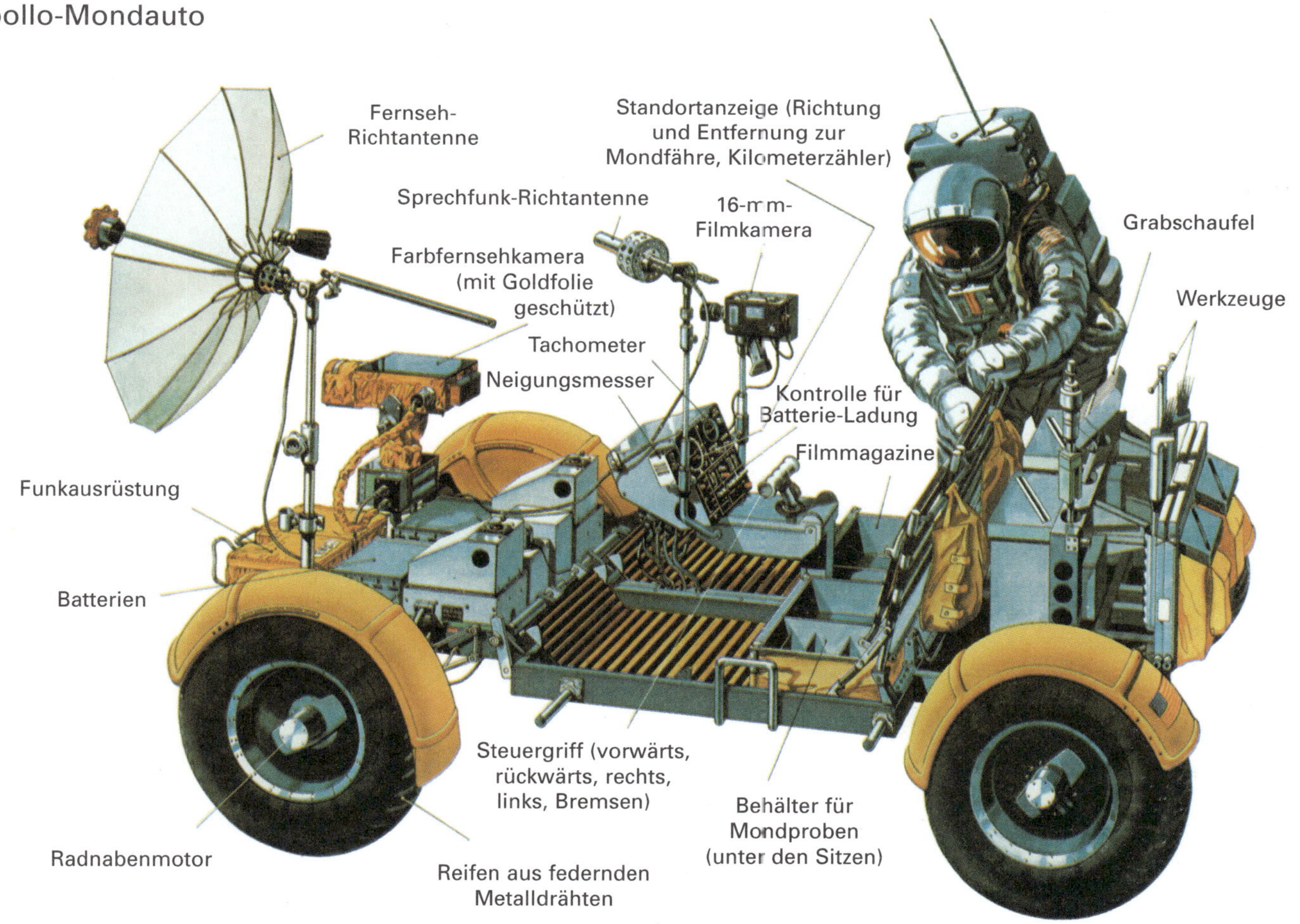

Register

BILDNACHWEIS

Der Verlag dankt folgenden Personen und Institutionen:

Illustrationen:
Klaus Bürgle, Chris Forsey, Jeremy Gower, Karen Johnston (Aircraft Ltd), MBB Erno, Sebastian Quigley (Linden Artists), Mike Saundres, Nick Shrewing (Garden Studio), Steve Weston (Linden Artists)

Photographien:
Seite 25, 29, 93, 107 MEV; 37 American Meteorite Laboratory; 92, 94 NASA; 17, 20, 59, 78, 83, 84 NGV Bildarchiv; 73 Sternwarte Bochum

Bildredaktion: Jackie Cookson, Lisa Simmons